兽医之道

贺建忠　著

中国林业出版社
China Forestry Publishing House

内 容 简 介

本书是一部介绍兽医文化的著作，同时也是慕课"兽医之道"的教材，此外还是动物医学专业课课程思政的集成。全书共分为8章，分别是兽医的出路、兽医的伟大、兽医的本质、兽医的目标、兽医的素质、兽医文学、兽医精神和兽医教育。全书自始至终在探讨"兽医是人"这一命题，自始至终在解读"坚持、坚守、博学、博爱"的兽医精神。本书既可以作为兽医专业人员及普通读者了解兽医文化的入门读物，也可以作为动物医学专业教师开展课程思政的参考书。

图书在版编目（CIP）数据

兽医之道/贺建忠著. —北京：中国林业出版社，2020.3（2021.7重印）

普通高等教育"十三五"规划教材

ISBN 978-7-5219-0504-5

Ⅰ. ①兽…　Ⅱ. ①贺…　Ⅲ. ①兽医学－高等学校－教材　Ⅳ. ①S85

中国版本图书馆 CIP 数据核字（2020）第 033777 号

中国林业出版社教育分社

策划、责任编辑：高红岩　李树梅　　　　责任校对：苏　梅

电话：（010）83143554　　　　　　　　传真：（010）83143516

出版发行　中国林业出版社（100009　北京市西城区德内大街刘海胡同7号）

E-mail：jiaocaipublic@163.com　电话：（010）83143500

http：//www.forestry.gov.cn/lycb.html

经　　销　新华书店

印　　刷　北京中科印刷有限公司

版　　次　2020年3月第1版

印　　次　2021年7月第2次印刷

开　　本　787mm×1092mm　1/16

印　　张　8.25

字　　数　195千字

定　　价　28.00元

自　序

直到今年初夏，我还没有写作《兽医之道》的想法。

当智慧树公司的人来办公室找我时，我感到有点奇怪。关于慕课我只是听说，并没有建课的打算，因为我觉得慕课离我很遥远。当智慧树的史炜锋和余川坚持说受教务处正、副两位处长委托和我谈建课的相关事宜时，我先是迟疑了半晌，最后才勉强答应。对于慕课录制的要求，我一无所知，只有茫然无措的份儿，只能在公司人员的介绍下发几句简单的问。

项目立项时叫"动物医学专业导论"，属于视频公开课，原计划只录制 5 个 30 分钟左右的现场教学视频。如今一听，慕课竟如此庞杂，令我大生退却之意。但当我了解到全校只有我一人录制时，内心些许自豪最终战胜了胆怯。

4 月，智慧树课程顾问蒋爽老师和石河子大学的田亮老师来校讲座，细聊之后才对课程录制有了一定的了解。我出示了初拟的课程大纲（实际只是章节目录），与两位老师仔细商讨后，遂将课程性质定为通识课，但课程名称却一直悬而未决。

我一直想将《老子》与兽医文化结合起来，开设一门新课——兽医之道，由于水平有限，至今未能如愿。在苦思慕课名称时，我突然想起了那门一直未能落实的兽医之道课程，与其闲着，不如先借其名，以应当务之急。若日后真能开设老子与兽医文化结合的课程，那就改名为"老子兽医"，一定会有更好的效果。虽然有了课程名称和录课大纲，但授课具体内容残缺甚多，又让人心急如焚。大学的五六月份，进入了繁忙的毕业季，作为动物医学专业负责人和硕士生导师的我忙得焦头烂额，只能在繁忙的空隙空想一下录课的事儿，却不能抽出充足的时间去准备。按照与智慧树的约定，课程必须在 6 月 15 日之前完成录制，但转眼已经 5 月底了，而课程准备尚无一撇。待在学校肯定是不行了，公事、私事一大堆，断断续续的思路不可能创作出一门无教材、无大纲、无参考书的"三无课程"。于是，我决定在硕士、本科论文答辩一结束，就请假去石河子大学专心备课和录课。

5 月 28 日，我来到了石河子大学，但因没有准备好录课材料，只能整天龟缩在宾馆，从事我的课程创作。十几天时间，我做了 64 个课件，完成了约 14 万字的讲稿，吃了无数碗牛肉面。写到一定数量，就去现场录课。录完，关到宾馆继续写。那段时间，我似乎体会到了作家的感觉。先不说每天数万次的敲打键盘，单是要写什么、该怎么写就让我大伤脑筋。也许小说家就是这样的吧，故事情节完全随着思考的轨迹前行，而不是沿着既定的路线奔跑。我做课件、写讲稿也是如此，所谓大纲只是一个题目的罗列，其内容所包含的三四千字完全依赖于当时的思考。每天早上 7 点钟起床，晚上两三点才睡，中午几乎不休息，只在傍晚拖着我那条因跑步受伤且尚未康复的腿沿着景观河跑五六公里。膝盖处钻心地疼，但我强忍着坚持奔跑。已经因伤两个月未曾跑步了，我实在受够了不能跑步的寂寞。而傍晚跑步是我一天中唯一的放松时间，即使再疼也会快乐地忍受着。奇怪的是，等到课程录制完，我的腿伤居然也画上了句号。课程录制完成的那天，已是晚上十二点多，当我驮着汗湿的后背走出博学楼时，我长长地舒了一口气：总算杀青了！但是，《兽医之道》这本书的写作才刚刚开始，因为我刚刚冒出了写书的想法。

本书是在慕课"兽医之道"讲稿的基础上写成的，没有 6 月份奋笔疾书的那十几个日夜，不可能有这本书稿的问世。初夏尚无写作的念头，中秋已完成全部书稿，这也许是我从教十几年最高的效率了吧。

本书虽然脱胎于动物医学专业导论课程，但并不是介绍兽医知识体系的书，而是一部漫谈兽医文化的著作，适合所有想了解兽医的人，而无需兽医专业背景。全书分为 8 章，分别是兽医的出路、兽医的伟大、兽医的本质、兽医的目标、兽医的素质、兽医文学、兽医精神和兽医教育。全书自始至终在探讨"兽医是人"这一命题，自始至终都在解读兽医精神。兽医精神是近两年提出来并加以践行的专业指导思想，其内容是"坚持、坚守、博学、博爱"。

从古至今，社会对兽医的认识都有失偏颇，即便是兽医工作者自己，有时也对自己的认识存在不足。《兽医之道》的出版以及慕课"兽医之道"的上线，相信在一定程度上能够改变这种长期存在的世俗观念，从而增强社会各界对兽医的认识和认同。

书中陋见均出自本人近些年对兽医教育的感悟，不当之处，恳请各位读者批评指正。

贺建忠

2019 年 11 月于塔里木大学

目　录

Contents

第五章　兽医的素质

第六章　兽医文学

第七章　兽医精神

第八章　兽医教育

第一章　兽医的出路

很多学生都在问："兽医有出路吗？"我一时竟难以回答。兽医有出路这是当然的，但有什么出路似乎又难以说清楚，因此只能以文字的形式略作讨论。要想了解兽医的出路，首先要明白兽医是干什么的，其次要知道兽医如何兼容并蓄那些丢舍不掉的个人爱好。当将兽医作为理想时，一切爱好、一切才能都能成为成就兽医的武器。爱好或才能与兽医理想合而为一，兽医的出路就在眼前。

第一节　什么是兽医

什么是兽医？这个问题一直困扰了我十几年。尽管时光不断奔流，但答案却不自显，而且有越来越困惑的趋势。看护生病的牛羊，照顾染恙的猪狗，这难道就是兽医吗？委身于动物圈舍，投身于畜牧兽医站，跻身于海关检疫，这难道就是兽医吗？兽医究竟蕴含着怎样的本质……

一、动医是兽医吗

填报高考志愿时一般都会浏览高校的招生简章及招生计划。在教育部发布的本科招生目录里有许许多多的专业，其中有这么一个专业，是动物医学，听起来似乎十分高大上，既有动物学的生命灵动，又有医学的救死扶伤。很多热爱动物或热衷于医学的考生，毅然选择了动物医学专业，只因有一份神秘一直存留在心中，直到开学。其实，这个专业之前不叫动物医学，而是有一个很通俗的名字——兽医。实质上，这个专业虽然在名字上变得华丽，但培养目标自始至终都没有改变过，那就是培养兽医。以前，兽医在世人眼中有点尴尬，在高校招生过程中也有些尴尬，没多少人报，但我国又需要大量的兽医，怎么办呢？在有关专家的提议下，教育部于1999年将兽医改名为动物医学（1998年修改，1999年正式招生）。谁知这一改，效果立显，原本门可罗雀的专业突然间变得门庭若市。至今，我仍清楚记得1998年我入学时的垂头丧气，因为我学的是兽医专业；至今，我也清楚地记得1999年那些学弟学妹们入学时的兴高采烈，因为他们学的是动物医学专业。报到登记后，在学弟学妹们带着兴奋转身离去的那一刻，我带着酸味"鄙夷"地在心里说了一声："动物医学？有啥高兴的！不就是兽医么！"——真是没想到，仅一年之隔，入学时心情竟大不相同，只因兽医改成了动物医学。动物医学，从字面上看因沾了动物的可爱与医学的高大，似乎好听了许多，但究其本质，依然是培养看牛、看马的兽医。但话又说回来了，兽医怎么了？他虽然不救人，但治病，是挽救动物生命的天使，而在生命面前，万物都是平等的。

1998 年 7 月，填报高考志愿时，我翻看着招生目录，因为当时还没有网络，只能在厚厚的纸质目录中寻找可能的学校和可能的专业。当我看到兽医这个专业时，我捅了捅身边的同学："快看，快看，兽医！大学里居然有这种专业！"接着，我和身边的同学都笑了，笑得格外开心，就像刚听了相声演员抖出一个巨大的包袱一般。此情此景，套用鲁迅《孔乙己》中的话就是"教室里充满了快活的空气"。1998 年的夏天似乎格外漫长，我整天都在焦灼中等待，幻想着收到大学录取通知书那一刻的场景。突然有一天，一辆披红挂绿的邮局专用车驶入我家小院，接着噼里啪啦放起了鞭炮。在我们全家还发愣的时候，我接到邮递员送来的大学录取通知书，那一刻似在梦中，因为我分明看到了祖坟上正冒着青烟。傻帽似地站在那半天，才在工作人员的提醒下打开了录取通知书。但就在那一刻，我差点没背过气去，因为有两个字映入了我的眼帘——兽医。兽医是什么？在农村就等同于劁猪的，劁猪还需要到大学去学吗？我辛苦了这么多年，却考上了兽医专业！我仿佛听到了弥漫在教室中的笑声，吃吃地，久久不能散去，像《西游记》中的地府。

二、兽医是人吗

究竟什么是兽医？带着这个问题，我上了四年的本科，三年的研究生，又做了五年的老师，但自始至终都没搞明白，直到有一天我在杂志上看到了一则小幽默。幼儿园里，老师问："谁能用最简单的话讲一件最有趣的事儿？"一个小朋友站起来，奶声奶气地说："老师，昨天我家的小狗病了，爸爸请来了兽医。后来，兽医来了。天啊！原来兽医是人！"在孩子的眼中，人医是人，兽医自然是兽。但实际情况并非如此，兽医也是人！这则小幽默极大地触动了我，我突然间意识到，我苦苦追寻了十余年的问题，原来竟隐藏在一则小幽默里。什么是兽医？不是别的，就是人！他有人的尊严性、能动性和创造性，而不是世人眼中的劁猪者。

三、兽医是有文化的人

兽医是人，而且是有文化的人。为什么这样说呢？从下面几个例子中就可以略知一二。如英国兽医吉米·哈利，虽然只是一个乡村兽医，但他的精神可与我国的雷锋相提并论，他的文学才华可以和职业作家媲美，是世界上公认的最伟大兽医。如唐朝的《司牧安骥集》，是我国古代第一部兽医教科书，其作者李石科考为进士，官职至宰相，尽显文人风流。再如国立兽医学院创始人盛彤笙先生，是德国柏林大学的医学博士、德国汉诺威大学的兽医博士，其学术水平岂能是目不识丁的劁猪者所能比拟的。不论是国内的，还是国外的；不论是民间的，还是官场的；不论是行走乡间的，还是跻身于高校的，这些人都有一个共同点——"维护动物繁衍，保护人类发展"（出自《兽医之歌》）。而"维护动物繁衍，保护人类发展"正是兽医有文化的最好诠释。

四、兽医是有追求的人

兽医是人，是有追求的人。请问：在你们的知识范围内，哪些职业有歌？运动员有歌——《运动员进行曲》，解放军有歌——《中国人民解放军进行曲》，石油工人有歌——《石油工人之歌》……也许还有一些职业有歌，但绝对屈指可数。天幸，在这屈指可数的职业中，我们兽医也占了一席之地。请大家记住，我们兽医，也是有歌的职业。有了歌，就要对得起歌词中的描述："维护动物繁衍，保护人类发展"。而这正是兽医的追求，不论是在牛羊圈舍，还是在青青牧场，不论是在高端大气上档次的实验室，还是在低调奢华有内涵的动物医院。基层兽医是兽医，能写小说的作家（吉米·哈利）也是兽医，被称为世界十大杰出女科学家（陈化兰）的学者还是兽医。无论是哪种职业的兽医，他们都具备有追求、能吃苦、肯奉献的共同特点。

五、兽医是多种优秀人格的合体

兽医除了有追求外，还要有爱、有才、有胸怀，缺少任何一个都不足以胜任兽医这个职业。有人说，你说的跟真的似的，兽医就一个劁猪骟蛋的，还搞得像圣人一般。实际上，想拍着胸脯说自己是兽医并不容易，因为兽医是多种优秀人格的合体。首先，你得有哲学家的睿智，不然搞不定复杂的动物疾病，处理不了兽医与动物疾病之间的矛盾。其次，你要有文学家的书卷气，因为兽医是有文化的，无数的著作等着我们去阅读，无数的病例等着我们去记录，无数人与动物之间的温情故事等着我们去书写。再者，你要有医学家的仁心，因为兽医所面对的是生命，尽管只是动物，但终归是生命。最后，你要有武术家的体魄，因为兽医工作时间为 7×24 小时，一方面要与患病动物斗智斗力，另一方面还要察看着畜主的脸色。说句实在话，兽医不是圣人，也不可能是圣人，只是诸多优秀人格的集合体。

兽医是什么？兽医是人，是有文化的人，是有追求的人，是多种优秀人格集于一身的人。这样的人，能够将所具备的所有才能都发挥到极致，助力兽医的发展。

第二节 个人才能在兽医中的发挥

那则震耳发聩的小幽默一直占据着我的心灵，凡是上过我的课的学生，都听过那一则看似笑话的小幽默，都曾由大笑转入深思。兽医是人，初听感觉像在骂人，细思才知深度。其实，兽医不单单是人，而且是有文化的人，有追求的人，是多种优秀人格集于一身的人。这样的人，能够将自己所有的才能都依托于兽医事业，从而塑造出一个独特的自己。对于初选兽医的人，你也许有些爱好，也许有很多才能，担心兽医工作耽误了你这些才华，其实大可不必。因为，你所有的才能都会在兽医这个舞台上得到充分的发挥，你所有才能都将助力兽医职业的发展。当爱好与主业、事业不谋而合时，就是人生最幸福的时刻。

一、绘画、舞蹈和文学才能的发挥

众所周知，齐白石是画虾的，是著名的画家，实际上他早些年只是个木工。木工致力于绘画，造就了一位伟大的艺术家。你若有绘画爱好或才能，完全可以和兽医结合起来，走出自己全新的创作之路。齐白石画虾，徐悲鸿画马，郎世宁画狗，你是不是可以画点别的动物呢？如猫、驴、牛和羊。即便不成为这样的画家，成为一名插图画家也会有很好的前程。动物解剖图、病理模式图和临床诊疗图等，都需要一大批精通兽医又擅长绘画的人去参与、去创作。1956 年，在贵州出土的清朝兽医著作《猪经大全》，除了文字描述外，附有大量的症状图，而这些症状图都是手绘而成的，栩栩如生，就如同当今的疾病图谱。当然，现在有照相机和手机，搜集图片已经不是难事，但那种只可意会不可言传的精髓内涵，仍需要有绘画才能的人去创作和展示。华佗编创了"五禽戏"，练之可强身健体，预防疾病。你若有舞蹈或武术才能，又恰巧学了兽医，完全可以在认真观察动物行为的基础上，编创一套"六畜舞"或"十二生肖拳"……让专业知识与形体艺术完美地结合起来。莫言的小说《生死疲劳》想必有很多人看过，一个人死后转生为牛、驴、猪、狗，然后从动物的视角审视人类世界，这给了我们很好的启示。我们兽医是与动物打交道比较频繁的人，为何不能从动物视角创作一些有深远意义的文学作品呢？

二、信息技术才能的发挥

有的人说我喜欢计算机，喜欢编程、喜欢游戏、喜欢网络，能和兽医结合起来吗？答案是肯定的。VR技术的兴起，改变着许许多多的领域，其中一个领域就是兽医学。我所在学校也尝试制作了三个虚拟仿真课件，分别是牛的直肠检查、牛难产的助产和牛真胃变位的治疗。兽医精通专业知识，但不会信息技术；信息技术公司的人精通信息技术，但不懂兽医专业。我清楚地记得，公司根据我们的脚本开发的课件错漏百出，因为他们想破脑袋都不清楚牛为什么要有四个胃？为什么要有13对肋骨？假如你是一个既精通专业又擅长信息技术的人，做起这件事来就会轻松很多。我接触过一家公司，他们开发了一些宠物手术的虚拟软件，每种手术软件售价10万元人民币。你知道兽医要面对多少动物吗？你知道动物有多少手术需要做吗？你知道除了手术还有很多操作技术需要开发吗？机遇就在眼前，关键是你有没有真正的才能，有没有学科融合的思路。

充分发挥个人才能，在兽医与信息技术之间找准切入点，开发一套兽医技能操作游戏，从解剖、组胚、病理连连看开始，一直到真刀真枪般的兽医内、外、产科的实际操作，贯穿于四年或五年的兽医教育，学生必须全部通关才能毕业，就像少林寺和尚下山要过十二铜人阵一样。虚拟仿真游戏通关虽然不代表真正的实践技能通关，但至少会让学生有了兽医的初步体验，以后真正遇到实际病例，不至于彷徨无措、一筹莫展。与其让学生沉迷于虚幻世界，不如让学生沉醉于仿真诊疗。精通信息技术，兽医就是你的着陆点；精通兽医，信息技术就是你的翅膀。

三、摄影艺术才能的发挥

有的人说我爱好摄影，是摄影艺术的天才，可惜被兽医给耽误了。要知道，人需要摄影，难道动物就不需要摄影了吗？人和动物就不需要合影了吗？数年前，我在朋友圈里看到了一组结婚照，两个人和一只狗，完美地体现了夫妻二人的职业特点——宠物医生。照片中人在欢笑，狗在嬉戏，真真切切地体现了人与动物和谐、人与自然和谐的景象。动物摆拍是困难的，这就要求摄影师有更高超的摄影技术和更有效的动物控制能力，而拥有摄影才能的兽医就是最佳人选。

艺术的生命力就是要关注生命，兽医的使命就是挽救动物的生命，对生命的认同是摄影艺术与兽医契合的重要结点。让垂死的生命绽放出光彩，让鲜活的生命留住曾经的精彩，是兽医和摄影师共同的使命，而具有摄影艺术才能的兽医，是肩负起这个使命的最佳人选。

四、历史才能的发挥

有的人说我爱好历史，想研究历史。研究历史的切入点很多，其中最冷门、最容易成就大家的切入点是研究兽医史。对于兽医史的匮乏，我一直深表遗憾，众里寻他，只找到了少得可怜的资料，完全不能满足我对兽医史的渴求。史志诚教授出版的《毒物简史》和《世界毒物全史》包含了一部分动物中毒史，读后受益匪浅；于船教授发表了大量的中兽医史文章，对了解我国兽医的发展有着重要的作用。但仅凭这些，对我们系统了解兽医发展的历史显然是不够的。新疆是世界四大文明的交汇地，而且自古以来有着发达的游牧文化。有游牧就有动物，有动物就有疾病，有疾病就应该有兽医，有兽医就应该有一部深埋在地下的漫长历史。若能别出心裁，另辟行径，研究出版一部《西域兽医史》，定会在历史学界和兽医学界引起轩然大波，受到广泛关注。

历史是借鉴，有了对历史的认识、分析、筛选和继承，兽医才能更好地发展。中国的古代文明一直是我们的骄傲，但也是我们的痛处，因为我们并没有继承好传统。兽医学全盘西化似乎已经成为事实，让身负传统思想的人扼腕叹息。可喜的是近些年有一大批专家、学者致力于中兽医的发掘与发展，在针灸、中西医结合等领域走出了自己的特色之路。我经常在朋友圈看到兽医为犬猫进行针灸，让瘫痪的动物重新站立起来、蹒跚起来，甚至于飞奔起来。但最令我惊奇并不是久卧动物的飞奔，而是有人居然为鱼针灸。掌握了历史，就掌握了兽医发展的方向。而兽医史的研究就需要有历史才能，又精通兽医的人。

五、哲学才能的发挥

有人说我爱好哲学，兽医这种边缘学科实现不了我的哲学抱负。殊不知，兽医学也是医学，医学是哲学的具体应用，由此推断，兽医学也是哲学的具体应用。实际上，根本不用推断，因为任何事物都离不开哲学的范畴。医学哲学的著作已经出版了很多，但兽医哲学的著作尚未见出版。没有就是最大的机会，若能将哲学爱好或才能融入到兽医中，一定会取得非凡的成就。小到细胞的生存方式，大到病原的致病机理，一切机制、机理都离不开哲学的范畴。哲思，如哲学家般思考，兽医临床诊疗技术才能获得根本性发展。不求每个兽医都是哲学家，但求每个兽医都能像哲学家一样思考。生命的起源、发展、死亡，本身就是一部哲学史，作为挽救动物生命的兽医，又怎能不懂哲学、不研究哲学呢？

六、考古才能的发挥

有的人说我爱好考古，掘人祖坟虽不道德，但对各种历史的研究却有着非凡意义。而兽医只与动物打交道，离考古差着十万八千里，能和兽医结合起来吗？答案也是肯定的。有一个词叫科技考古，就是利用现代科技分析古代遗存，取得丰富的"潜"信息，再结合考古学方法探索历史的科学。而兽医考古就是科技考古的一部分。发掘古墓、古建筑、古遗址也许不难，难的是怎样破译发掘出来的资料。没有对专业的深刻认知、没有对古代文字与文化的深入研究，显然无法做任何事情。古遗址就在前方，古代兽医学著作就在地下，你准备好了吗？

有了对古代遗存的解读，就会为现代发展指明方向。现代兽医发展很快，研究很细，但仍有很多问题不能解决。古代科技也许没有那么发达，但古人治病的思想却有其独特之处，能够给我们诸多启示。兽医需要考古，考古的专家团队也需要兽医。既然你有考古的愿望，既然你有解读古迹的能力，为什么不能和兽医结合起来，成就一番事业呢？

兽医不会埋没任何一个有才能的人，一个人的任何才能都能借助兽医职业得以充分发挥，关键是你有没有思路和毅力。我一直信奉一句话：不是你学的东西没用，而是你不知道怎么用，往哪里用。你也许还有别的爱好、才能，但只要善于思考，善于发现，一定能够在兽医职业中找到用武之地。既然你的才能、你的潜力都能在兽医中充分发挥应用，你还担心兽医的出路吗？

第三节　兽医的就业方向

正如前文所述，你的任何爱好和才能都能在兽医中得到充分发挥，都可能成为兽医发展的助推器。有才能，有发挥、发展的舞台，兽医的出路就在眼前。进入兽医专业的通道可能只有一条（通过高考），但兽医的出路却有千万条。就我个人观点而言，兽医至少有八条出路，简称"八路"。当年的八路叱咤风云，为抵抗外侮做出了不可磨灭的贡献，而如今的"八路"是怎样成就兽医事业的呢？

一、宠物健康的守护神

现在，学兽医的女生越来越多，已超过班级人数的一半，很多学校甚至达到 2/3，这在以前是不可想象的。我是 20 世纪 90 年代末读的大学，一个班 30 多人，只有几个女生。而我的很多老师，当年都出自"和尚班"。以前的稀缺"产品"，如今成了主打品牌，为什么？其中最重要的一点就是宠物行业的崛起。以前，动物治疗以大动物为主，需要的是人高马大、孔武有力的兽医；而现在以小动物诊疗为主，需要的是小巧玲珑、有亲和力的兽医。往日高大威猛的兽医在大动物诊疗方面依然优势明显，但在宠物诊疗上却略显颓势，因为高大的体形常给宠物造成不必要的心理压力，从而影响诊疗工作的顺利进行。

宠物医生的发展不仅仅限于医院坐诊，还可以实行上门服务。已经有一些兽医服务上了淘宝，打入了美团，只要在手机上下个订单，很快就能享受到贴心的服务。兽医专业性很强，但说到底仍然是服务行业。通过服务动物而服务好人，是兽医工作的主要特点。哪里有需要，哪里就有发展。上门为宠物诊疗，就是新时代的一种需要。其实，为宠物上门服务由来已久，至少在吉米·哈利所处的时代就已经出现了，只不过现在的上门服务加入了很多信息化的元素。

整容不是人的专利，动物也需要，这就繁荣了一个学科——整形外科。整容有两个方向，一个是往漂亮整，一个是往丑里整，须知丑到极致也是一种美。世界上每年都举办丑狗大赛，2015 年，一只从小被遗弃，后被兽医收养的比特犬力压群雄，夺得冠军，被大家亲切地称为狗界的"卡西莫多"。当然，卡西莫多不是被整丑的，而是自然灾害的结果，但不排除有些主人存在另类的审美观。整容，整的是宠物的容貌，但满足的却是主人的心。刀刻斧凿下的审美，需要兽医有着高超的技术。

动物标本制作早已在大城市兴起，目的就是留住主人对爱宠的美好回忆。爱宠因病、意外身亡，与其埋入黄土，不如做成标本，留存家中，以便寄托哀思。标本制作是技术，也是艺术。不但要保护好生前皮毛，还要展现生前最美的形态。兽医，当挽救不了宠物生命时，就去挽留宠物的形体与神态。关于动物医学专业学生转行去做宠物标本，很多年前的媒体就有报道。有兽医学的知识，有兽医的仁爱之心，自然能为标本艺术增色不少。

宠物入殓师在多年前已经被报道过，就是为已死亡的宠物清理、清洁、化妆，让它们美丽地来，美丽地走。东野圭吾有本推理小说叫《虚无的十字架》，里面的主人公就在宠物丧葬店工作，他们的店负责死亡宠物的运送、入殓、火化和丧葬。我在读研究生的时候，经常有主人要求我把他们死亡的宠物埋葬，但兽医院的每一寸土地下基本上都有一个逝去生命的动物，实在无从下葬。于是，我就和师兄弟们无奈又满怀憧憬地说："我们以后可以去卖宠物墓地，肯定大有前途；顺便为宠物有偿撰写墓志铭，以便展示我们的文学才能。"选择宠物入殓师，不是丢弃了专业，而是充分应用了专业。动物虽亡，但敞开的伤口仍需闭合，一些未知的疾病仍需防止扩散，而这些都需要借助于兽医的专业知识。宠物入殓师也许有些晦气，但每个职业都需要有人去从事，当责任降临时，兽医又怎能推脱呢？

有一种鲜为人知的职业叫狗粮品尝师。和品酒师一样，平时不用上班，只在需要的时候品尝一下狗粮风味，为狗粮的开发提供建设性意见。狗粮的原料要求与人的食品卫生标准一致，因此尽可放心食用，用心品尝。吃剩菜剩饭的养狗方式已经一去不复返了，终身吃狗粮的时代已经到来，因此，狗粮的开发被提升到了新的高度。国外有一个养狗的人，有一天发现自己的狗病了，带到兽医那里检查后才知道是狗粮惹的祸。自此以后，他每次买狗粮，必定亲口品尝。一次，在超市买狗粮，发现狗粮味道不对，对服务员说，你们卖的狗粮坏了。服务员自然不肯相信，后经鉴定，果然坏了。久而久之，尝狗粮的名声不胫而走，引起了宠物食品公司的关注。公司找到他，说你不用工作了，定期为我们尝尝狗粮就行了，待遇从优。从此，他成了首屈一指的狗粮品尝师，根据他的品鉴，公司开发出了多种口味的狗粮，投放市场后，受到广泛的欢迎。

宠物行业在我国已经悄然崛起，诊疗只是其中一个很小的方向。食品的开发、药物的研制、宠物用品的制造、宠物美容的繁荣、牵犬师的出现等，都为宠物行业的发展注入了新的活力。

二、食品安全的护航者

食品安全，尤其是肉食品安全，兽医负有重要责任。用药科学规范，杜绝药物残留；检验检疫合法合规，不让不合格肉品流向市场，摆上餐桌；疫病防控坚决果断，不让烈性传染病原污染食品；生物安全教育得力得法，让生物安全深入到每一个人的心里。当前，肉食品安全已经成为社会广泛关注的话题，作为医者仁心的兽医自然要肩负起保障食品安全的重任，尤其是官方兽医。在动物性食品检验、检疫方面，不能有任何马虎，不能做任何有悖于良心的事情，让兽医成为食品安全的护航者。世人眼中的兽医在这里得到了升华，兽医虽然不能站在硝烟弥漫的战场上去保家卫国，但保证了食品安全也是一种为国为民的杰出贡献。

三、无私奉献的基层兽医

拿着微薄的工资，却怀揣着兽医的梦想，奔赴在田间地头、牛羊圈舍、草原牧场，用医者仁心的热情与动物疾病做着长期的艰苦卓绝的斗争，这就是基层兽医（村级动物防疫员）。从事基层动物疫病防治的人，工作环境很苦，但却是疫病防控的第一道防线，是最接地气的一类兽医。动物医学专业大学生，虽然不会去做村级防疫员，但仍然可以扎根基层，为实现"维护动物繁衍，保护人类发展"的兽医目标而努力奋斗。世界上最伟大的兽医吉米·哈利就是一名乡村兽医，他的经历告诉我们，只要有高尚的道德情操，兽医工作场所没有贵贱之分。在生活条件上或许不尽如人意，但在精神追求上却高人一等，这就是基层兽医。对怀揣兽医梦想的动物医学专业大学生，这也是一条很好的出路。吉米·哈利借助基层这个平台实现了人生的跨越，我们又有何不能？

四、扑灭疫病的科学家

有的人从小就有做科学家的梦想，却不小心踏上了兽医的道路。梦想与现实的差距让他们无所适从，寝食难安。其实，做兽医也可以实现科学家的梦想，因为兽医学也是一门科学。在科学的道路上，最高层次的科学家就是院士。我国从 20 世纪 50 年代走到现在，涌现出了一大批兽医专业方向上的院士，如盛彤笙、殷震、沈荣显、陈焕春、刘秀梵、张改平、夏咸柱、金宁一、沈建忠、陈化兰、张涌等。他们是我国顶级的科学家，但他们首先是兽医。由此可见，深入研究兽医问题的进程，就是向科学家行列迈进的过程。在众多的兽医界院士中，除了沈建忠院士是研究兽医药理学、张涌院士是研究产科外，其他的院士均研究动物传染病的发病机制及防控措施。如夏咸柱院士，解放军军事科学院研究员，犬五联弱毒疫苗的研制者；沈荣显院士，哈尔滨兽医研究所研究员，慢病毒疫苗的开拓者，成功扑灭牛瘟；陈焕春院士，华中农业大学教授，中国猪病传染病防控的集大成者。学兽医，不仅不会使儿时的科学家梦想破灭，相反还能成就儿时的梦想，让儿时的理想进一步得到升华，因为兽医不仅维护动物繁衍，还能保护人类发展。

五、教书育人的教育家

有的人原本想做一名人民教师，却不小心迈入了兽医的门槛，感觉到离自己的理想越来越远了。实际上，学兽医不仅可以做教师，还可以做教育家型教师。韩愈曾经说过："古之学者必有师"。古之学者尚且如此，今之学生就更不能例外了。因此，只要怀着教书育人的梦想，并为之不断努力，实现兽医教育家的梦想也不是不可能的。盛彤笙、崔步瀛、罗清生和蔡无忌等，都是我国首屈一指的兽医学家、农业教育家，都是我们学习的榜样。

当今兽医界，最缺乏的就是教育家型兽医教师，因此我们有实现教书育人理想的巨大空间。对教育理论孜孜以求，对兽医实践的深深眷恋，是成为教育家的重要途径。

六、一心为民的公务人员

做兽医也可以报考公务员，成为官方兽医。官方兽医是对动物及动物产品进行全过程监控并出具动物卫生证书的人，是老百姓眼里吃公粮的人。其中，海关兽医是官方兽医中的一种，在动物及动物性食品进出口中，严守检疫关卡，严防疫病入侵。在官方兽医的职务中，有一种叫作国家首席兽医师，代表政府参与国际兽医事务，是官方兽医中的佼佼者。当然，不是什么人都能坐到首席兽医师的位置，但也并不是完全没有希望。前国家首席兽医师贾幼陵，不仅是中国执业兽医制度的推动者，而且是《兽医之歌》的词作者。兽医原本就是为国为民的职业，加入公务员的管理体制是水到渠成的事情。

七、撒播爱心的作家

有的人爱好写作，害怕兽医埋没了自己的文学才华。其实，很多作家，尤其是知名作家都不是文学专业毕业的，而是各行各业走出来的精英。兽医是经历最为丰富的职业之一，完全具备成为作家的潜质。吉米·哈利暂且不说，将在第二章和第六章中做详细的介绍，这里说一下特雷西·斯图尔特。她起初是个设计师，后来发现自己真正最喜欢的是动物，就在丈夫的建议下做了兽医，再后来因发表关于动物感悟的作品《动物如友邻》而成为作家。兽医独具爱心，与文学传递真善美的特点不谋而合，因此兽医完全可以成为撒播爱心的作家。

我一直有当作家的理想，但苦于写不出像样的作品，最主要的是找不到写作的切入点。但自从致力于兽医和兽医教育后，我写作的思路一下打开了，我仿佛看到了无数的优秀作品向我扑面飞来。文学与兽医的契合，就是一条独辟行径的新路。虽然前面有吉米·哈利和特雷西·斯图尔特作为先锋，但兽医文学显然还是未被开垦的荒原，有着巨大的发展空间。受此启发，我于2017年出版了首部兽医散文集《灵魂的歌声》。这部作品虽然算不上是成功佳作，我也称不上是兽医作家，但最起码开辟了一条新路，多多少少圆了一直深藏在自己心中的文学梦。

八、与兽医相关的一切人员

兽医其实可以成为你想成为的一切人，如跻身政坛的部级领导，兽医相关行业的公司高管，为兽医说话撑腰的兽医律师，为兽医著作画龙点睛的插图画家，为动物饲养提供帮助的动物营养师，为动物诊疗提供帮助的动物心理学家，致力于野生动物保护的动物学家和植根于专业知识与技能的艺术家。在今年的大学生某竞赛上，华中农业大学不同专业的学生精心策划、通力合作，用细菌在培养基上绘出了精美的图案。画面看似简单，实则包含了复杂的专业知识与技能，因为不同的细菌生长在不同的培养基上，生长在不同的培养基上才可能显示不同的颜色，如此绚丽的图案得需要怎样的培养基组合以及细菌接种路线才能培养成功？受此启发，我想把塔里木大学的胡杨精神的主角——胡杨，用兽用X射线机拍摄出来，从而创造出一种独具兽医特色的摄影艺术。兽医的出路之第八路，虽然只是一路，实际上却是多种出路的浓缩，若前七路走不通，这条出路一定行得通。

兽医的出路应该远不止这"八路"，但即便只有这"八路"，也足以让我们为之奋斗终生。我们为什么要为兽医奋斗终生？因为兽医很伟大。

第二章　兽医的伟大

世界上有这样一位兽医，将生命的芳华全部撒播在了乡村，全部爱心均奉献给了心爱的动物，而且将自己的从业经历、对兽医事业的热爱和对生命的敬畏全部凝练成文字，在世界各地广为传播。这位兽医就是英国的乡村兽医吉米·哈利，被称为世界上最伟大的兽医。吉米·哈利的一生将"坚持、坚守、博学、博爱"的兽医精神发挥得淋漓尽致，在平凡的工作岗位中彰显着兽医的伟大。

吉米·哈利的伟大首先是扎得下根，其次是静得下心，然后才是在专业上誓做领头羊的韧劲儿和在精神上甘为孺子牛的品格。本章是在介绍世界上最伟大的兽医吉米·哈利的基础上，阐述兽医不平凡的一面。

第一节　世界上最伟大的兽医

第一章分三个层次介绍了兽医的出路，首先解读了兽医是人这一命题，接着阐述了个人才能在兽医中的发挥，最后指出了兽医的出路。由此看出，兽医行业是一个巨大的舞台，不管我们拥有何种才能，都能得到充分的发挥。兽医值得我们为之奋斗一生，因为兽医真的很伟大。兽医究竟怎样伟大？从吉米·哈利的人生经历中就能管窥一二。

一、吉米·哈利其人

吉米·哈利生于 1916 年，卒于 1995 年。1937 年，吉米·哈利从英国格拉斯哥兽医学院毕业后，应聘到约克郡德禄镇当一名兽医助手，从此开启了自己的兽医生涯，直到去世。吉米·哈利一生扎根于德禄镇，从事乡村兽医工作，过着平凡的生活，但却折射出伟大的精神。他之所以被称为世界上最伟大的兽医，不光是在平凡岗位上默默奉献，更重要的是写出了一系列自传体兽医小说，让世人了解兽医，感受到兽医身上散发出的博爱精神。他的第一部小说《万物既伟大又渺小》，写得风趣幽默，朴素自然。接着又创作了《万物既聪慧又奇妙》《万物刹那又永恒》《万物有灵且美》和《万物生光辉》。身在农村，心怀世界，用自己的一生践行了"坚持、坚守、博学、博爱"的兽医精神。

二、吉米·哈利其事

吉米·哈利多部自传体小说进入欧美图书畅销榜的行列，并被英国广播公司（BBC）拍成电影和电视连续剧。当前，关于兽医题材的影视作品逐渐增多，这种发展趋势必定会产生一种新的职业——兽医编剧，这又为我们提供了新的就业方向。1979 年，吉米·哈利获得大英帝国勋章，并受到英国女王的接见。回到家乡后，有人问女王是不是单独接见了你，他回答说不是，还有一些不重要的人在场，如英国的财政大臣。1983 年，只有本科学历的吉米·哈利获得利物浦大学荣誉兽医博士，这是业内对他贡献的最大肯定。小说畅销后，吉米·哈利本可以过上更加优渥的生活，但他依然初心不改，依然在乡村从事着他心爱的兽医工作。有的作家为了创作而去体验生活，而吉米·哈利不用，因为他是在生活中体验写作。吉米·哈利扎实的写作功底总是能把艰辛的工作转化成幽默的文字，把人与动物之间的感情上升到人类亲情。

三、与吉米·哈利有关的著作

我最早接触吉米·哈利的小说是在 1999 年，书是在学校图书馆废弃书处理的时候花一块钱买的。我之所以选择了这本书，是因为书名上有"兽医"两个字。那时吉米·哈利的名字还不叫吉米·哈利，而是翻译成詹姆斯·赫略特(James Herriot)，书名也不是《万物既伟大又渺小》(*All Creatures Great and Small*)，而是译成《芸芸众生——一个农村兽医的自述》。阅读后，感触良多，多多少少让我喜欢上了这个治病不救人的专业。如今，我搜集到许多关于吉米·哈利的书，包括中文译本及英文原版。其中有吉米·哈利的儿子为纪念父亲而写的回忆录，有吉米·哈利第一部小说《万物既伟大又渺小》的英文原版，有每一部原版小说的 PDF 版。我一直在各种场合讲述吉米·哈利，宣传吉米·哈利的兽医精神，让每一个学生、每一个兽医甚至每一个普通人都知道世界上有一位最伟大的兽医。2019 年，专业学位硕士研究生入学考试的英语卷子中，有一篇翻译，讲的就是吉米·哈利如何协调工作的繁忙与写作的乐趣之间的事情。我不知道我教过的学生有多少能正确译出这个伟大的名字？据说不多，这让我陷入了深深的悲哀。

四、与吉米·哈利有关的电影

吉米·哈利的首部兽医小说《万物既伟大又渺小》，不但改编成了电影，还改编成了电视剧。这些电影与电视剧在哔哩哔哩网站都能找到，有兴趣的可以去看看，我想它或多或少会改变你对兽医原有的认识。但我个人认为，电影拍得再好，也难以完全呈现文字描述的深度，所以还是建议读一读原著，那样会有更深的体会。兽医题材的影视作品原本不多，那是因为缺乏书写生活的人，若多出版一些兽医小说，兽医影视作品定然能够繁荣昌盛。关于吉米·哈利的电影与电视剧，不但对我们从事动物疾病诊疗有所启发，还对我们从事兽医文学创作有所启发。

五、吉米·哈利的人生

吉米·哈利实际上是个城里人，但一下扎根到了农村，一辈子都未曾移步，而且做出了骄人的业绩。兽医工作是极其艰辛的，但从他的小说中看不到艰辛的苦楚，只能体会到发自内心的快乐。吉米·哈利作为兽医，严守自己的职业道德，从不给别人出具虚假证明。吉米·哈利作为兽医，始终能够坚守自己的岗位，什么时候来电话，什么时候出诊，不分白天黑夜，没有节假日。吉米·哈利小说中总会有一些离奇的故事，也总有一些温馨的场面，如那只夜夜交际的猫。一到晚上，猫就不见了，而快到深夜，猫又自己回来了。大家都捉摸不透这只行踪诡异的猫到底是只什么猫？到底隐藏了多少不为人知的秘密？到底肩负着怎样的责任和使命？最后发现，这只猫每一次外出不为别的，只为赶得上别人家举办的舞会。舞会开始，猫来；舞会结束，猫去，仅此而已。吉米·哈利的人生满载着动物诊疗工作，偶有余暇，还要书写兽医诊疗工作中的人和事，因此吉米·哈利的一生是忙碌的一生，是为兽医事业努力奋斗的一生。

六、吉米·哈利小说的开篇

吉米·哈利第一部小说中的第一段文字就深深地吸引了读者，因为这是一个不同寻常的场景："书本里从来不提这些事儿。"到底是什么事儿？他在过道里干什么？为何在大雪纷飞的时候还裸着背？一连串的疑问把我们带入幽邃深远的意境。实际上，他是在给牛接生，准确地说，是为难产的牛助产。我们在临床上，也曾遇到过奶牛难产的病例。记得有一次，见一头奶牛右侧躺卧，胎儿的双肢透过产道露在外面，而其余部分不见踪迹。单从产道露出的双肢，是否能够判断出胎儿是正生还是倒生？再问的简单点，就是已经出来的两肢是前肢还是后肢？也许有人会说这个谜语出的有点大，但实际上这是一个很简单的问题，如果实在判断不了，自己趴到地上，五体投地，与胎儿的肢体做一下比较，就会立马明白。做兽医的经常是这样，拿自己的各个脏器与动物的进行比较，在外行看起来像骂人，但实际上只是一种肢体上的比喻。当时接诊的这个病例，出来的双肢是两前肢，难产的主因是胎头侧弯。我们费了很大的力气，用了很长时间才将胎位顺利矫正，合数人之力才将胎儿顺利拉出。

小说开篇抛出了问题之后，接着以排比句的方式写了一大堆书中从来没有提到过的事儿，目的在于说明实践中的困难，远比书中描述的多，需要在实践中不断摸索，不断克服，才能最终成长为一名合格的兽医。对兽医来说，平时穿什么衣服并不重要，重要的是你在诊疗过程中一定要脱掉，尤其是助产时；与动物保持多远的距离也不重要，重要的是你的姿势与距离是由动物决定的。动物站着生，你就不能躺着接；动物躺着生，你就不能站着接；动物在露天中生，你就不能在房中等；动物圈里生，你就不能在圈外等。吉米·哈利的小说以先声夺人的开头，营造了一种紧张的气氛，为后面成功救治后的放松与幽默埋下了重要的伏笔。只有战胜艰难的疾病，才能彰显兽医的伟大。

世界上有一位最伟大的兽医，名叫吉米·哈利，他虽然只是一名乡村兽医，却获得过无数荣誉。最重要的是他同时还是一名作家，一名将兽医精神表现得淋漓尽致的作家。然而，单是获得一些荣誉，出版几部小说就能成为世界上最伟大的兽医吗？显然不行。

第二节　兽医伟大的原因

吉米·哈利是英国的一名乡村兽医，一生扎根在约克郡德禄镇，一方面解除动物的病痛，一方面写着风趣的小说，在繁重艰辛的兽医工作与小说创作中享受着人生的乐趣。吉米·哈利被称为世界上最伟大的兽医，为什么？原因肯定不少，但在我看来不外乎两条：一是扎得下根，二是静得下心。其实，所有伟大的兽医都离不开这两条原因。

一、扎根与静心

所谓扎得下根，就是像树一样，将根深深地扎入身下的土地，用来吸收水分和养分，从而保证外在的枝繁叶茂和硕果累累。所谓静得下心，就是像出家人打坐一样，不受世俗的纷扰，专心思考自己的人生，钻研自己的专业，用内心的宁静去参悟周围的世界。扎根为营养，静心促成长。只有深深地扎根于自己脚下的土地才能铸就生命的辉煌，只有在世俗纷扰中静心学习才能获得充实的人生。

(一)扎得下根

我喜欢诗歌，但多局限于古典诗词，对于现代诗歌，读的少，喜欢的更少。但是当我看到《树的哲学》这首现代诗时，我内心一下被点亮了。因为我觉得树的哲学就是塔里木大学胡杨精神的写照，就是兽医坚持、坚守精神的注解。我立刻将这首诗抄录在笔记本上，时时拿出来诵读，作为兽医人生的名言警句。作为兽医，必须要有理想和信念，必须让理想升向蓝天，而让信念扎入地下。因为"愈是深深地扎下，愈是高高地伸展；愈是与泥土为伍，愈是与云彩作伴"。扎根就要像大树一样，俯身接地气，仰望思蓝天。吉米·哈利的伟大首要原因就是他能深深地扎根在约克郡德禄镇这片乡村土地上，让兽医坚持、坚守的信念生根、发芽，而让兽医博学、博爱的精神开花、结果。扎得深是成就伟大的根基。

(二)静得下心

选择了兽医，就是选择了终生学习，选择了终生学习首先要静得下心。吉米·哈利终日奔波在动物诊疗的路上，但许多专业书中的段落能够像诗文一样背诵，而且还能抽出时间从事大量的文学创作。起初，吉米·哈利创作了一些其他题材的文学作品，均未能成功。最后，听从了妻子的建议，写起了自传体小说才得以在文坛上声名鹊起。成功的作品也好，失败的作品也罢，创作起来都需要时间，而这些时间是从哪里节省下来的呢？思之，总觉得有愧于心。吉米·哈利在繁重的诊疗工作中找到了放飞梦想的航船，而我们自己却在碌碌中丧失自己的梦想。不能静得下心，如何能够在繁忙的工作中写出平心静气的文章？由此可见，倡导极简生活，追寻内心修养，是成为伟大兽医的另一个重要因素。当前，兽医学科飞速发展，专业著作层出不穷，不静得下心阅读，怎么能够赶得上兽医诊疗的步伐？满墙满架的专业著作，看着令人震撼，然而这也不过是兽医书库里的冰山一角。静得下心是成就伟大的翅膀。

二、伟大三喻

吉米·哈利的伟大，我把他比喻成三个中国人。在精神上，他就是兽医界的雷锋；在医术上，他就是兽医界的华佗；而在文学上，他就是兽医界的钱钟书。

(一)兽医界的雷锋

说吉米·哈利是兽医界的雷锋，主要出于三方面的考虑。第一，有需要必出诊，不分时间地点。不论是春寒料峭，还是炎炎夏日，不论是半夜三更，还是黎明拂晓，不论是工作日，还是休息时，只要畜主一个电话，他必然排除万难，前去诊疗。第二，有责任定承担，不瞻前顾后。比如，他第一次独立出诊就遇到一个十分复杂的病例和一个十分难缠的畜主，但他认真检查后，当机立断，立即为马实施了安乐死。实际上，他完全可以将难题推给自己的老板，或者先采取止痛措施来敷衍畜主，但他没有这样做，而是将动物福利放在首位：一头没有救治希望的病畜，就让它及早地结束痛苦。第三，有猫腻全不顾，不畏金钱权势。比如作为赛狗兽医，他坚持行使自己的权利，让因身体原因不能参赛的狗退出比赛，而不在威逼利诱下徇私舞弊。再比如，他拒绝为一头死亡的牛开雷击证明，不能让自己所谓的怜悯成为他人骗保的帮凶。在平凡的岗位上，在日常的工作中，坚守自己的职业道德、做人操守，全心全意地服务于人民，这就是雷锋精神。

一位老人养了一只老年犬，当吉米·哈利下达了死亡通知书时，出现了人狗难舍的感人情节。吉米·哈利是专程来看这只狗的，然而，专程的看望与死亡的冰冷并不匹配，最终还是在无奈中为治疗无望的老年犬实施了安乐死。当老人要给诊疗费时，他撒了平生第一个谎："我不过是路过您门口而已。"——所以说，兽医诊疗不只为钱，更为良知。我们曾为患有乳腺肿瘤的老年犬做过乳腺肿瘤摘除手术，三位老师花了一下午时间，不同的是我们收了费——100 元。熟悉宠物诊疗行情的人就会明白，这 100 元意味着什么——只是兽医的良知而已。

（二）兽医界的华佗

在医术上，吉米·哈利如同名医华佗。要有华佗般的精湛医术，必须有扎实的基础，必须有深入的实践，必须有广泛的爱心，必须将每一个病例当作自己进步的动力，再说的精炼点，就是基础是保障、实践出真知、爱心谱华章和病例是动力。

吉米·哈利并不擅长看马，而他的老板西格擅长。但疾病并不总是等到西格到场才发生。赛马场里，一匹马突然发病，摇摇欲坠，所有的人，甚至吉米·哈利自己都认为这匹马要死了。但在生命尚未逝去，且尚未得到确切的诊断之前，兽医绝不能轻言放弃。于是，他拿起了听诊器，将听筒放在了马抖动的身体上。至于为什么要听诊，连他自己也不知道，或许只是为了拖延时间，安慰一下自己的无助而已。但正是这个无意的举动，让他看到了黎明前的曙光。在听诊的过程中，他无意中摸到了体表有一个像铜钱一样的东西，往下摸，还有。原本心惊胆战的他立即兴奋起来，因为他感觉到自己已经锁定了病因——荨麻疹，一种过敏反应。他迅速抽了一管肾上腺素，注入了马的颈静脉，然后手持手术刀在马的近旁焦急地观望。奇迹出现了，那马停止了摇晃、颤抖，停止了急促的呼吸，竟然在眨眼的工夫站了起来，好像什么事儿也没发生过。当时，吉米·哈利为什么兴奋？因为在他强大的知识库中搜索到了病因。为什么手持手术刀站在马的近旁？因为他也完全拿不准，若药物无效，只能做气管切开，暂时帮助病马保持顺畅呼吸。有的人说这个疾病的治愈靠的是突然闪现的灵感。这句话没错，但任何时候的灵光一现，都是以强大的知识储备为基础的，否则如顽石一块，何来灵感？医术的精进是以扎根和静心为基础的，正因为吉米·哈利平时能够在扎根的土地上静心研究疾病，才有治疗上的神来之笔。

（三）兽医界的钱钟书

在文字描述上，吉米·哈利的小说充满了幽默，就如同钱钟书先生的小说《围城》一样。贴切而睿智的比喻，道尽了人世间一切真理。其实，我们每个学习兽医或从事兽医的人都可以做兽医界的钱钟书，前提是要多读兽医方面的文、哲、史，多记录从医的经历，多思考、感悟动物的生存哲学，多用幽默化解人生的艰辛，多用博爱融化人间的寒冰。

牛子宫脱出是一个很吓人的疾病，试想容得下小牛的子宫会多么庞大与沉重，一旦全部脱出来，想把它塞回去，光是想想就要崩溃。最要命的是，塞回去还能再出来，正如吉米·哈利书中描写的那样："母牛一旦把它排出体外，就不愿意要它了。"这是一句幽默的描述，但对兽医来说却如同噩梦。牛自己不要，而我们要强行将它塞回去，简直难如登天。就像一个人不愿爬墙，我们非要扶他过去一样。吉米·哈利在和屈生相处的过程中，总是受到屈生的捉弄。屈生是吉米·哈利老板西格的弟弟，兽医专业在读生，寒暑假时常常常过来帮忙。屈生每次外出诊疗，都会借别人的电话，冒学他人的口吻想方设法地捉弄吉米·哈利，而吉米·哈利几乎每次都上当。吉米·哈利想以其人之道还治其人之身，但因缺乏表演天分，每次一开口就被屈生识破。有一次，屈生花了大半天时间，费尽九牛二虎之力才把脱出的子宫塞回牛体，回去累得瘫倒在床上。吉米·哈利得知此事后，突然童心大起，想尝试捉弄一下屈生。他在附近找了一部电话，打电话给屈生："喂！你是上午给我们家牛塞子宫的那位年轻兽医吗?"屈生战战兢兢地说"是。""它又掉出来了!"屈生一听，万念俱灭，用颤抖的声音下意识地问了道："都掉出来了吗?"而那头的吉米·哈利早已笑作一团，上气不接下气。这次捉弄为什么能够成功? 就是因为屈生因担心子宫再次脱出而魂不守舍，失去了分辨能力。作为兽医，处理完一个复杂的病例后，最怕的就是电话铃响，因为一响准没好事儿。兽医就是文艺界的相声演员，通过揭露彼此的伤疤，来愉悦人生。幽默，就是说自己的痛而让别人去笑。书中类似的描述还有很多，悲伤的开头也好，愉悦的起点也罢，最终都能以幽默的语言转化为茶余饭后的笑谈。

吉米·哈利是世界上最伟大的兽医，他的伟大一是因为扎得下根，二是因为静得下心。扎根与静心的结果必然使他在技术上成为领头羊，在精神上成为孺子牛。

第三节　伟大兽医的启示之兽医领头羊

吉米·哈利伟大的原因，或者说兽医伟大的原因，一是因为扎得下根，二是因为静得下心。那么，他的伟大具体体现在哪些方面呢? 我认为仍然是两个方面，一是兽医领头羊，即在医术上领先；二是社会孺子牛，即在精神上高尚。关于"兽医领头羊，社会孺子牛"将在第四章中有更详细论述，这里只是简要地提出来，做一个简要说明。"勤奋实践，志做兽医领头羊；甘于奉献，愿为社会孺子牛"这幅对联，是对兽医目标的解读，它一直挂在学校教学动物医院的大厅，作为动物医学专业师生共同追求的目标。

先来谈谈兽医领头羊。要想在一定范围做到领头羊，我个人认为一定要做到以下六个方面，即学习基本理论、投身兽医实践、钻研兽医经典、浏览兽医进展、参与兽医交流和拓展兽医领域。

一、学习基本理论

今后从事兽医诊疗工作，兽医必须取得执业兽医师资格证，否则是不能为动物进行诊疗的。执业兽医师资格考试涉及的科目较多，考的内容较细，有很大的难度。然而，一旦将各科融会贯通，将是一生的财富，能够大大地促进诊疗水平的提高。各国兽医都一样，通过考试，取得执照，才能合法行医。我国执业兽医师资格考试共有 15 门课，分别是兽医法律法规、动物解剖学、组织学与胚胎学、动物生理学、动物生物化学、兽医微生物与免疫学、兽医传染病学、兽医寄生虫学、兽医公共卫生学、兽医临床诊断学、兽医内科学、兽医外科学与外科手术学、兽医产科学和中兽医学。科目繁多，考查细致，具有相当难度。参加执业兽医师资格考试首先得有兽医相关专业专科以上学历，还要有丰富的临床经验才能通过。这15门课若能融会贯通，就具备了扎实的理论基础，在以后的临床诊疗中必能得心应手。要想做兽医领头羊，理论知识储备一定要足，否则难堪大任。

二、投身兽医实践

我国培养的兽医人才，怀揣理论者多，躬身实践者少。但兽医毕竟是实践性学科，不是单靠理论就能治愈疾病的，必须投身临床实践的洪流，才能达到保护动物健康的目的。吉米·哈利的小说曾经描述过这样三个病例，十分有趣。第一例，是一只青年小狗，它的主人是一个小女孩儿。在带到医院治疗的时候，一步一停。小女孩儿一捏手中的玩具，就发出"吱"的声音，小狗听到后就向前走一步。当声音消失，小狗就裹足不前，蹲坐呆望。小女孩为了把小狗领到医院，一路捏着手中的玩具。吉米·哈利感到非常奇怪，为小狗做了常规检查，但没找到一丝患病的征兆。后来在与小女孩聊天的过程中了解到，小狗最近行为反常，食欲下降，最喜欢小女孩的各种毛绒玩具，而对其他的事物都提不起兴趣。更要命的是，小狗经常把那些毛绒玩具叼到自己的狗窝，生怕别人来抢。吉米·哈利从小女孩的叙述中突然意识到了什么，赶紧检查了一下小狗的乳房，发现有些肿胀，顺势一挤，竟有乳汁直射而出。于是，吉米·哈利找到了病因。另外两个病例，虽表现不同，但都是行为反常的病例。一只温顺的母狗，突然变得凶恶异常；一头好动的母猪，突然变得异常安静，足不出窝。吉米·哈利同样用挤乳汁的方法证实了自己的判断。三个病例属于同一种疾病——假孕，简而言之就是动物以为自己怀孕了，实际上肚子里根本没货。怪异之处在于动物不但行为反常，而且腹部与乳房不约而同地配合着病症变大，几乎可以达到以假乱真的程度。试想，如果没有扎实的理论基础，没有丰富的临床经验，如何能够诊断出这种疾病？所以说，具备了扎实的理论知识以后，还要投身于兽医实践，让理论之舟在实践的海洋中得到进一步历练。

三、钻研兽医经典

除了课本，还要钻研大量的兽医经典著作。所谓经典，一是世界顶尖兽医的力作，二是我国古代遗留下来的兽医名著。而要读懂、读透这些著作，一要有良好的外语水平，二要有扎实的古汉语基础。国外的暂且不论，单是国内的兽医学名著就值得我们用心阅读、潜心研究，掌握其诊疗疾病的思想精髓和精妙方法。《元亨疗马集》《活兽慈舟》《猪经大全》《肘后备急方》《司牧安骥集》及《齐民要术》等，都需要我们取其精华，为现代动物疾病诊疗所用。没有对兽医经典的参研，兽医始终是根底肤浅的兽医。再者，兽医外文经典著作也不能遗漏，如果不能阅读原文，至少要阅读一下译著，否则难以跟得上时代的发展。经典根植于我国之古代，前沿关注国外之现代，如此取长补短、互相促进，才能从根本上提高兽医诊疗水平。

四、浏览兽医进展

只阅读经典著作还不足以胜任日益复杂的兽医工作，还必须经常查阅各种专业文献，包括中文文献和外文文献。文献报道的治疗方法与治疗理念往往是最新的研究进展，可以帮助我们更好地处理复杂的疾病。专业文献要到专业数据库去查，而不是百度，我们千万不能陷入百度医生的泥淖。受过高等教育的兽医，实践技能可能一时不足，但他们掌握了学习方法，掌握了解决问题的门道。其中，最重要的门道之一就是查阅最新文献。知道在哪查，知道如何查，知道查完之后如何阅读和应用，这一点是基层兽医无法比拟的。浏览兽医进展是保持与时俱进的基础。

五、参与兽医交流

要经常出去参加学术会议，看看同行在做什么，这样才能跟得上行业的发展，不至于落得太远。有句话说得很好：你可以做不到，但不能不知道。做不到，可能是各种客观原因所致，但不知道就是主观态度问题了。经常出去，与同行交流一下诊疗心得，了解一下最先进的诊疗设备，学习一下最先进的诊疗理念，对于提高兽医诊疗水平有着积极的作用。做兽医领头羊首先要登高望远，否则必然迷失方向。其次是参与交流讨论，交流是相互的，自己既要有聆听的耐心，又要有拿得出手的问题，否则交流势必达不到应有的效果。为了在讨论问题的同时展示自己已有的成果，兽医必然会处处留心，时时用功，努力发现问题、分析问题、解决问题。交流是一种积极的展示，兽医从业人员为了与国际接轨，促进行业发展，必然会不遗余力地探索、发现、总结。

六、拓展兽医领域

领头羊要有前瞻的眼光，不能死守着自己的一亩三分地不放。当前的宠物以犬为主，但今后的宠物可能会以猫为主。养犬还是养猫完全决定于主人的工作性质。有大把时间，而且好运动，适合养犬；业余时间不充裕，喜欢宅在家里，适合养猫。把犬单独留在家里，会把房子给拆掉；但把猫单独留在家里却没有这种后顾之忧，只要给足水、猫粮和猫砂，主人大可放心而去。因此，专门的猫医院、猫门诊、猫医生必然会大量出现。近几年，我国的马业获得了长足的进步，已经有高校开设了马专业。马多了，自然需要大量的马兽医。我国很早以前的兽医，都是看马的，但发展到现在，能治疗马病的兽医已经风毛麟角了。除此之外，野生动物如天鹅也将成为我们的诊疗对象。在迪拜已经开张了全球第一家骆驼医院，这就是地域特色与兽医结合的产物。有很多热带国家，有专门的蛇医院，许多大城市都相继开张了异宠医院。动物的多样化和宠物的多样化必然会带动相应动物医院的多样化和兽医数量的快速增长，你所在的地区有什么稀奇古怪的动物，而且达到一定的数量，你就可以着手开一家这种动物的医院。兽医领域的拓展，只有想不到的，没有做不到的。

想做兽医领头羊，要懂理论、会实践、能钻研，要经常关注学科前沿、注重交流，要充分发挥自己的主观能动性和创造性，让自己在兽医领域一个独特的方向占有一席之地。如果在技术上，你已经是带头大哥，那么你只需在精神上继续精进，做一头甘于奉献的孺子牛即可。

第四节　伟大兽医的启示之社会孺子牛

对如何做到兽医领头羊提了六点建议，分别是学习基本理论、投身兽医实践、钻研兽医经典、浏览兽医进展、参与兽医交流和拓展兽医领域。那么又如何做到社会孺子牛呢？社会孺子牛是精神层面的东西，若能做到以下六个方面，就能很好地诠释孺子牛精神，这六点分别是真心对待动物、热心对待畜主、认真看待批评、坚强面对医闹、理性对待死亡和勇敢研究疾病。做兽医领头羊，主要靠实践；做社会孺子牛，主要靠奉献。

一、真心对待动物

动物是这个世界上的重要成员，一个个憨态可掬。动物应该成为人类最亲近的伙伴，而不只是餐桌上的盛宴。狗、鼠、猪、兔等动物幼龄时有一个共同的名字，叫萌宠。动物因小而可爱，因可爱而美丽。面对这样的动物，谁会忍心伤害它们呢？当然，对于成年动物，我们也应该以众生平等的态度去对待，不能剥夺原本属于它们的福利。热爱动物是做兽医的基础，是博爱精神的起点。

真心对待动物最起码的要求是不能伤害动物，然后才是满足动物的各项福利。对于兽医而言，除了做到上述要求外，还要在挽救动物生命，解除动物痛苦上下功夫。生命能救坚决救，救治无望则第一时间结束动物生命（安乐死），不能眼睁睁着痛苦蚕食动物的生命。

二、热心对待畜主

兽医的服务对象具有双重性，不但要真心对待动物，还要热心对待畜主。有一次，我在晃荡的火车上一边看《菜根谭》，一边思索着兽医及兽医教育的意义。顺手在书上写下了这样一幅对联：教育日凄凉，良知教师光征日月；医德渐沦丧，有为兽医力挽江河。可能是基于网络的原因，医德问题、师德问题整日充斥着各大媒体。教师是为人师表、教书育人的，医生是救死扶伤、悬壶济世的，然而随着社会风气逐渐有沦丧之势。作为教师，作为兽医，应该有所作为，重塑教师和医生的形象。然而，兽医所面对的动物是多种多样的，所面对的畜主是五花八门的，按理说兽医对待畜主应一视同仁，但实际上却出现了一些细微的差别对待。遇到亲切可人型畜主，兽医是幸运的，因为他们是理解兽医的，能够让兽医的自豪感达到巅峰。遇到吝啬型畜主，兽医常常心情沮丧，因为在这样的畜主眼里，兽医就是一副只顾赚钱不顾生命的奸商形象。遇到胡搅蛮缠的畜主，兽医是无措的，因为所有的专业知识似乎都已失去了作用。遇到多知多懂型畜主，兽医是最头疼的，因为这样的畜主非但不按兽医的嘱咐照顾动物，还通过百度搜索指挥兽医用药。畜主虽然有亲切的，也有奇葩的，但兽医都得和颜悦色，因为这些都是传说中的"太上皇"。兽医的上帝是患病动物，但这个上帝不当家，最终能否获得肯定，还要看畜主，即"太上皇"的。

三、认真看待批评

畜主的批评、同行的批评都要认真审视，做到"有则改之，无则加勉"。可以接受别人的批评，但不能当着畜主的面批评别的兽医或别的兽医诊疗机构。行业的形象要靠大家共同维护的，互相排挤、采取不正当竞争手段，损害的必然是整个行业。兽医对动物的诊疗都是本着治病救兽的目的去的，但我们经常听到令人痛心的一句话是：我家的狗被那个兽医（或动物医院）治死了。每听到这样的话时，我只能苦笑，心里说：应该是没救活，不是治死了。兽医终究是兽医，而不是屠夫！当然，兽医医术再高，也存在延误治疗的情形，但绝没有想把动物治死的心思。兽医是人，不是神，只能在一定程度上减少死亡，而不能从根本上杜绝死亡。

有的批评是建设性意见，兽医要全盘接纳；而有的批评是鸡蛋里挑骨头，兽医只能表面点头，内心置之不理。与恶意的批评针锋相对，不是理智的做法，最终只会伤及自己。接纳建设性的批评需要虚怀若谷的胸怀，漠视无中生有的批评需要波澜不惊的心境。但凡接到批评，首先要细思己过，用内心的良知来判断批评的正确与否。

四、坚强面对医闹

医闹不再是医院的专利了，已经扩散到了动物医院。我经常听到同行的控诉：被打、被骂、被敲诈。兽医最大的困惑是：动物尤其是宠物，究竟是家庭成员，还是家庭财产？损坏财产自当照价赔偿，但因医疗事故造成家庭成员死亡，是有一定赔偿额度的。治疗一只狗可能只收几十元或几百元，一旦因麻醉等风险死亡一只狗却可能赔偿数十万。在医闹面前，兽医亟需法律的保护，亟需兽医律师的辩护，亟须兽医法医的鉴定。说到这里，兽医又多了两条出路，兽医律师和兽医法医。行医时间长了，遭遇医闹是不可避免的。面对医闹，兽医只能用坚强去承受，除此之外似乎没有更好的方法。

五、理性对待死亡

兽医最脆弱无助的时候，就是面对动物的死亡。多少次看到初出茅庐的兽医，在面对动物死亡时潸然泪下。生老病死，不是兽医能够主宰的，很多疾病也不是兽医能够治愈的。真的兽医，就要直面动物的死亡，就要正视淋漓的鲜血，而不能被感情所牵绊。不能理性对待死亡，如何能够成为一名真正的兽医？兽医，可能没有丰厚的收入，但一定有丰富的经历，而这些经历中最为重要的就是面对动物死亡。兽医，不能理性面对动物死亡，就不能够真正地成长。

吉米·哈利的第一次独立出诊，就遇到棘手的疾病，不但动物疾病无法治愈，而且畜主也有点不可理喻。一个兽医新手总是要受到很多质疑的，不管什么病，只要治不了，多半是新手兽医的错。而一个名声在外的兽医则不同，只要治不了，多半是动物命当如此。吉米·哈利的第一次独立出诊，就展现了兽医的担当，果断地结束了病马的生命，解除了病马的痛苦。后来的剖检证明，他的处理是当时唯一正确的选择。因此，作为兽医，有些事情必须面对，有些责任必须承当，有些死亡必须负责。

六、勇敢研究疾病

研究各类动物疾病也是兽医的职责之一。以前，社会上很多人认为兽医没有存在的必要，因为小病用不着兽医，大病兽医看不了。遇到烈性传染病，直接屠杀、焚烧、深埋就可以了。后来，"非典"出现了，发病群体不光是动物，还有人类，紧接着又有人感染了高致病性禽流感猪链球菌病，2019年11月12日，北京市朝阳区政府网发布通告称有2人被诊断为肺鼠疫确诊病例，相关防控措施已落实。因此，疫病要预防，首先得从动物开始，而防治动物疫病，医生鞭长莫及，爱莫能助，最后还得启用兽医。自然界中，很多疾病是人兽共患病，因此，兽医在疫病防控中发挥着不可替代的作用。《兽医之歌》中唱的"维护动物繁衍，保护人类发展"，说的就是这个道理。研究动物疾病，就是对人类的奉献，就是对世界的奉献，因此也属于社会孺子牛的范畴。

对人畜有爱心，对批评能够正确看待，对医闹能够坚强面对，对死亡能够理性对待，对疾病能够勇敢探索，这就是兽医精神的具体体现。世界上最伟大的兽医吉米·哈利为我们树立了兽医标杆，我们当追随其后，成就一番事业，因为我们具有同样的本质。

第三章　兽医的本质

　　吉米·哈利被称为世界上最伟大的兽医，主要有两方面原因。首先是扎得下根，其次是静得下心。其实，不论是世界上最伟大的兽医吉米·哈利，还是其他普普通通的兽医工作者，都是伟大的践行者，因为天下所有的兽医有着共同的本质——人。

　　兽医既然是人，就有人的尊严性、能动性和创造性。兽医整天面对的是动物，但却用伟大的人格照耀着这个世界，让动物安康，让人类安心，让邪恶的病魔在人、畜两界都无处藏身。有尊严性才能自立，有能动性才能自强，有创造性才能永葆与时俱进。

第一节　兽医是人

　　关于兽医本质，第一章中已经提到过，是由一则笑话引出来的。也许是说者无意，听者有心吧，所以一则笑话才会震撼到我心底。说到底，兽医是人，是从事独特职业的人。

　　兽医的本质是人，为什么要用这么通俗的论断来定义兽医的本质呢？因为之前的兽医地位极其低下，很多人，甚至是我们自己都不把兽医当人看。这一则笑话的动人之处就在于是从一个天真无邪的孩子口中说出，具有天然性、纯粹性、不事雕琢性。既然是人就要有尊严地活着，既然是人就要充分发挥我们的主观能动性，用不平凡的业绩改变世人固有的偏见，既然是人就要充分发挥我们的创造性，共同维护"同一个世界，同一个健康"的世界梦想。

一、"人"字演变的启示

　　从最早的甲骨文，到现在的行书，人直立的形象从未改变过。不同的是古代单腿站立，佝偻着背，如今双腿站立，挺直着腰，这说明人越来越有尊严。兽医作为人的形象，必须与高尚的人，纯粹的人，脱离低级趣味的人站在一起，一起彰显人的伟大。从服务对象上来讲，兽医的两条腿分别指动物和畜主，因为动物与畜主共同决定了兽医的服务性质；从专业知识上来讲，兽医的两条腿分别指理论与实践，因为只有理论联系实践才能支撑起兽医诊疗的大厦；从兽医精神上讲，兽医的两条腿分别指坚持、坚守和博学、博爱，因为坚持、坚守和博学、博爱共同支撑起了兽医的人格。

二、政治素质过硬之人的启示

　　兽医是人，特别是新时代的中国人，无论社会发展到何种程度，都要有坚定的信念和伟大的理想，都要做政治素质过硬的人。作为兽医，要时刻保持少先队员的崇高理想，共青团员的昂扬斗志和共产党员的坚定信念。兽医必须多学黄大年，少看黄世仁。黄大年是优秀的共产党员，中国当代伟大的战略科学家。虽然和兽医不属于同一个专业，但他为祖国、为科学献身的精神仍然值得我们学习。自从看了黄大年事迹报告会后，我觉得"他高大的背影能榨出(我们)皮袍下面藏着的'小'来"(鲁迅《一件小事》)。在一些小名小利面前就迷失自我，这不应该是一名合格兽医的情怀。

三、德才兼备之人的启示

王阳明是一代圣人，他是在贵州龙场悟的道。贵州龙场是一个鸟不拉屎的地方，自然环境恶劣，人文条件更差，盗贼出没，语言不通，食不果腹。就是在这样的环境中，王阳明扎下了根，静下了心，不但自己得以悟道，创立了著名的心学，而且教化了当地。所以说，艰难困苦抑制不了才华，条件简陋抹杀不了创造。我们常常以条件差为名，敷衍诊疗，不思进取，实在无比汗颜。若有王阳明的精神，一支体温计、一个听诊器、一把手术刀，就足以撑起动物诊疗的一片天。

马师皇，传说中的兽医鼻祖，不但医术高明，而且道德高尚，令我辈无比景仰。我们现在有如此多的诊疗设备，反而在治病救兽上裹足不前，实在愧对祖师爷。有德、有才、有胸怀，这才是兽医应该追求的做人境界。

兽医的本质是什么？是人。人可以给我们什么启示？在政治素质上过硬，在德才上兼备，挺直腰杆，用两条腿走路。做到这些，兽医自然就有了尊严。

第二节　兽医的尊严性

第一节就兽医是人的"人"字做了一些阐述，知道兽医需要坚持正确的政治方向，需要德才兼备，需要有宽广的胸怀。从这一节开始，将从人的三大属性上分析兽医应该具有的品质，首先是兽医的尊严性。兽医的尊严性从尊重自己开始，然后才能尊重他人、尊重生命、尊重历史和尊重科学。

一、何谓尊严

首先我们要了解什么是尊严？简单地来讲，尊严就是权利和人格被尊重。尊严是对人的身份、地位的认同，是人人共有的平等权利，应该受到尊重。这里的关键词实际上是"应该"，纵观社会，很多应该的事情，结果都做得不应该。兽医本来应该有他固有的尊严，应该受到社会各界尊重，但实际上并没有得到完全的尊重。别人的素质我们姑且不论，我们首先应该严格要求自己，让自己成为一个有尊严的人。人不尊重我，我尊重自己；人不尊重我，我尊重人。除此之外，我们应对生命、历史、科学一样地尊重。久而久之，自然能形成兽医特有的尊严。

二、尊重自己

记得冯巩在一部电影《别拿自己不当干部》里有句台词："我觉得人就应该拿自己当回事儿，自己都不拿自己当回事儿，谁拿你当回事儿呢？"兽医亦是如此，先从自尊、自爱、自重、自强开始。信守承诺、微笑对己、敞开心扉、坚持如一，都是自尊、自重的表现。

做到这些，赢得社会的尊重，挽回兽医的尊严只是时间问题。但自尊不是自傲，而是始终谦卑地对待每一只动物、对待每一位畜主，让良知掌舵自己的言行。尊重自己的良知、尊重自己的职业、尊重自己所有的"患者"，是兽医自尊的全部。

三、尊重他人

尊重与被尊重如同作用力与反作用力一样，是相互的。懂得尊重别人，才能获得别人尊重。对于兽医来说，约诊守时、诊疗透明，就是对别人的一种尊重。畜主可能不懂专业，但有知情权。打针、喂药保密的就像祖传秘方一样，那不是真正的兽医，只是心胸狭窄、内心阴暗的奸商。治愈病例不邀功，治疗失败不推责，都是对别人的一种尊重。成熟的麦穗总是低着头，尊重他人就是一种心理上的谦卑，态度上的随和。

四、尊重生命

再次强调，兽医救治的是生命，不是具体的动物。生命是一种高贵的东西，哪怕它们是猪、狗。无数名人都对尊重生命做出过重要论述，如美国前总统林肯，他说："上帝所创造的，即使是最低等的动物，皆是生命合唱团的一员，我不喜欢只针对人的需要而不顾及猫、狗等动物的任何宗教。"其实，生命远不止动物，还有植物和微生物。余秋雨在一篇文章中讲过他幼时的一位女老师，看到别人将羊拴到一棵小树上很生气，别人都以为她因爱护动物而生气，实际上她有更广泛的博爱精神，不仅对束缚了羊很生气，而且对晃动了树也很生气。草木也是生命，也容不得践踏。博爱不是说说而已，要贯彻到日常的行动中。其实，微生物又何尝不是生命。人和动物的消化都得依赖于微生物，对于这种肉眼看不见的生命，我们不应该尊重吗？盛彤笙说过："爱人类从爱家畜开始。"叔本华说过："对待动物残忍的人，对待人必不会仁慈。"我们需要真正地热爱生命，而不只是叶公好龙。

五、尊重历史

历史是无法割断的血脉，尤其是我们中华民族的历史。世界四大文明古国，唯有我们的历史得以延续。就兽医而言，古人留下太多的精华，需要我们继承和吸收。历史是一张空隙很大的筛子，能被历史记住的东西基本上都是精华，糟粕早已被淘汰了。马王堆出土的《五十二病方》，由医史文献泰斗马继兴成功破译。受《五十二病方》启发，屠呦呦展开了青蒿素的研究，最终获得诺贝尔生理学和医学奖。由此可见，历史或历史文献的研究与解读对现代医学、兽医学有着深远的影响。马王堆出土的辛追夫人，完整保存了两千多年，宛如生前。但经医学解剖，发现有多重疾病，如血吸虫病。这为血吸虫研究提供了重要证据。历史不能割断、血脉不能割断，尊重历史的人才能被历史所尊重。

六、尊重科学

兽医学是一门科学，是在科学理论指导下的具体实践。现在所谓的科学，一般指的都是西方科学。中兽医理论自成体系，是在阴阳五行等我国哲学指导下发展起来的诊治动物疾病的方法。有的人说中医不是科学，如果中医都不是科学，中兽医可能就更不是了。是不是科学，姑且不论，但一样可以解决实际问题，这一点是毋庸置疑的。做兽医，就要有"土兽医"的闯劲和科学家的钻研精神。对未知疾病的探索以及还原疾病的真相就是尊重科学。老子的哲学，不论对做人还是对看病，都有很强的指导作用；沈括的科学精神，至今值得我们学习；华佗的麻沸散，始终是我们研究开发的药方。中国历史上有三大毒理学难题，解开任意一个，都足以震古烁今：一是毒死神农氏的断肠草是什么草？二是华佗的麻沸散是什么成分？三是宋朝蒙汗药如何制造出来的？麻药虽然是毒药，但对于外科手术来说，意义非凡。宋朝的常顺，是中国历史上乃至世界历史上，唯一被封侯的兽医。抛开爵位不说，单是因兽医功绩封侯，这个人就不一般，一定是熟知兽医科学，有高超医术和医者仁心的人。

兽医的尊严一定得从自己开始，自己尊重了自己、尊重了他人、尊重了生命、尊重了历史、尊重了科学，就会得到别人的尊重。有了做人、做兽医的尊严，兽医的人格就能得以确立，就能充分发挥他的主观能动性。

第三节　兽医的能动性

兽医的尊严是从尊重自己开始的，然后尊重他人、尊重生命、尊重历史和尊重科学，才能获得他人的尊重。有了尊严，就要充分发挥兽医的主观能动性，那么有尊严的兽医又是如何发挥自己的主观能动性的呢？个人认为，兽医主观能动性的发挥，需要从以下几个方面着手：一是思考与实践的自觉性；二是主动与自觉的持久性；三是计划与目的的明确性；四是闻道与践行的一致性；五是健身与修身的一惯性。

能动性是指对外界或内部的刺激或影响作出的积极地、有选择地反应或回答。其特点是通过思维与实践的结合，主动地、自觉地、有计划地反作用于外部世界。对于人来讲，这种能动性也称为主观能动性。就是在意愿上积极、主动，不断追求，体现价值，在平凡的岗位上做出不平凡的业绩。

一、思考与实践的自觉性

做兽医的要经常思考，但思考后就得马上行动，不能成为一个只想不做的人。2015年，我想开设"悬疑讲堂"，专门进行临床病例分析，偶尔普及一下兽医文化。想到之后，在没有任何条件的情况下，克服困难，就开始实施了。如今，"悬疑讲堂"已经是我校兽医人才培养的品牌。曾子每天都要三省吾身："为人谋而不忠乎？与朋友交而不信乎？传不习乎？"通过三省来审视自己在做人、做事上有没有问题，在学业进步上是否达到了老师的要求。圣人都如此，我们作为兽医专业的老师，每天也要问自己三个问题："教书育人的信念是否坚定？投身兽医的理想是否崇高？为人师表的道德是否达标？"每天经此三问，师德才能提高，才能真正做到"为党育人，为国育才"。作为兽医专业的学生，每天也需要三问自己："兽医理想是不是始终如一？师之所授是不是已经掌握？同学相交是不是推心置腹？"表面上看，是理想为首，学业次之，为人处世再次之，实际上这三者同样重要，是日后做人、做事、做兽医的基础。如果你已经是一名兽医，也要每天三问自己：为动物治病尽心尽责了吗？为畜主服务热情细致了吗？为维护动物繁衍、保护人类发展努力奋斗了吗？"同一个世界，同一个健康"，这才是兽医的终极目标。每日三问之后，完成的继续保持，没完成的赶紧落实，思与行要完全统一。

二、主动与自觉的持久性

学习是主动的行为，必须自觉自愿，才能有本质上的提升。多数老师都喜欢有慧根的学生，也愿意培养这样的学生。实际上，教育的目的是培养学生的慧根，而不仅仅是培养有慧根的学生。一旦有了慧根，就有了主动性与自觉性，根本不再需要老师督促。主动与自觉的学风，能让教室人满为患；缺乏主动与自觉的学风，教室反而成了最好的休息室、最好的恋爱场所，因为安静。"悬疑讲堂"一直倡导师生自愿参加，教师自愿讲授。很多时候，教师与学生欢聚一堂，共享兽医文化盛宴。兽医从某种意义上讲就是一种氛围，感受到了这种文化氛围的学生就感受到了自己的慧根，感受了这种文化氛围的教师就感受了自己的初心。

三、计划与目的的明确性

建议一个人应该经常写写目标、列列计划，因为白纸黑字的目标与计划是执行的最大动力。只是一味空想，没有明确的目标与计划，没有实现的时间表，最终必然一事无成。列出一生的理想，列出十年的目标，写下一年的计划，记录每天的感悟，是成长最快的方式。我在上"动物医学专业导论"课程时，每节课都会留十分钟，让学生讲讲自己的兽医理想，很多学生都说，我的理想是考执业兽医资格证，是过英语四、六级。我说，你这不是理想，最多算个短期目标，长期的都谈不上。一个人的理想，用不了两个月就实现了，这哪能是理想？理想一定是长远的、高尚的、需要付出毕生精力去追寻的。我们追求共产主义理想多少年了，现在才是初级阶段。理想是人生的指路明灯，虽然不容易实现，甚至可能实现不了，但只要努力去追求，一定会得到很多副产品，而这些副产品就足以让我们受用一生。虽然兽医推行的是博爱精神，但对于自己的计划与感悟就没必要那么慷慨了，完全可以像世界四大吝啬鬼之一的葛朗台那样，独自看着自己的目标、计划与感悟，由衷地满足着。

四、闻道与践行的统一性

兽医也要参悟各种做人的道理，否则很容易导致抑郁，因为工作的压力很大。不论中华典籍，还是现代"鸡汤"，兽医都需要有所涉猎。前面我们讲过，对于现代兽医临床技术，我们可以做不到，但不能不知道。其实，对于做人的道理也是一样，但这是针对普通人而言的，不是兽医，因为兽医不是普通人。既然不是普通人，就要学圣贤老子的思想，一旦闻道，即有思路或想法后，就赶紧去做，而不是心存忧虑，瞻前顾后，置若罔闻。要不然就学王阳明，知行合一，知即行，行即知，而不是将理论与实践脱节，将思想与行动脱节。

五、健身与修身的一贯性

俗话说，身体是革命的本钱，本钱没了，商机再好，也只有干瞪眼的份儿。思想境界也一样，要与健康的体魄同步，不能把灵魂丢到路上。每年不论是世界兽医日，还是中国兽医日，我们都会举行长跑活动，其目的就是要倡导健身；"悬疑讲堂"我们讲授兽医文化，就是在倡导修身。健身与修身保持一贯性，再繁重的工作都不能将我们击倒，再大的压力都不能将我们压垮。

综上所述，兽医的能动性主要体现在五个方面，一是思考与实践的自觉性，二是主动与自觉的持久性，三是计划与目的的明确性，四是闻道与践行的一致性，五是健身与修身的一贯性。有了主观能动性，想创造出一些东西还难吗？

第四节　兽医的创造性

要实现兽医的主观能动性需要遵循以下五条原则，分别是思考与实践的自觉性、主动与自觉的持久性、计划与目的的明确性、闻道与实践的一致性和健身与修身的一惯性。有了主观能动性，就有了创造性的基础。创造性原本就是主观能动性的终极发挥。关于兽医的创造性，主要从三个方面论述，即独特思想、发明意识和发现思维。

一、创造性

创造性也称创造力，是一个新奇独特而且有用的东西。什么叫新奇独特？就是能别出心裁地做出前人未曾做过的事，属于新鲜事物，而且具有使用价值、学术价值、道德价值或审美价值等。要想有创造力，首先不要带着偏见的目光看问题，其次要努力刮起头脑风暴，跳出固有的思维，不能按照固定的套路出牌。创造性有两种表现形式，一是以前没有的东西，现在造出来了；二是以前就一直存在的东西，现在给找出来了。造出来的叫发明，找出来的叫发现。

二、独特思想

特殊的大学必须有独特的思想，有独特的思想才能成就特殊的大学。作为特殊的大学——塔里木大学的一名教师，我时时刻刻想用独特的思想和办法来诠释塔里木大学的特殊，包括它所开设的动物医学专业。"塔里木大学是我党创办大学的一个典范，是我党在一个特殊时期，在一个特殊的地方，采用特殊的办法，建立起来的一所特殊的大学。"时任教育部副部长的袁贵仁，在视察完塔里木大学后感慨地说。基于这些特殊，我在兽医教育教学过程中提出了一系列独特的思想和举措。兽医文学虽然不是由我创造的，但却一直由我在推行，在推行的过程中，我自己也创作并出版了首部兽医散文集《灵魂的歌声》。兽医诊疗技术和兽医推理小说的融合，是我提出来的，并在中国畜牧兽医学会家畜内科学分会2011年的学术研讨会上做了交流。"悬疑讲堂"是我2006年提出，2015年创办的，现已成为我校兽医人才培养的品牌。兽医人才培养的"七怪"模式，是2016年创立的，主要是借鉴金庸小说《射雕英雄传》中江南七怪培养郭靖的故事，七名老师共同培养一批兽医界的"郭靖"。这种培养模式，效果是看得见的。所培养的学生，无论是理论水平，还是实践能力，都是同届学生中的佼佼者，优秀者中以女生居多。我曾笑称："我们原想培养一些兽医界的郭靖，却培养出了大量的黄蓉。"实际上，这种人才培养模式是教师团队培养学生团队的一种新型导师制模式。再者，我提出了立足于教师自身的兽医临床诊断学课程建设指导思想——复孔门问答，做当代名师（教师）；勤生产实践，为今世名医（兽医）。到目前为止，该思想已经不单单是一门课程的指导思想，已经升格为动物医学专业的指导思想；

若去掉名师和名医的目标，变成"复孔门问答，勤生产实践"，甚至可以成为全校教师成长的指导思想。此外，还提出了兽医培养的目标：兽医领头羊，社会孺子牛。本书90％以上的思路与观点，都是本人作为兽医、作为兽医教师提出并加以践行的。最后引用兽医散文集《灵魂的歌声》中个两句话来解释一下独特思想的内涵：欲无可替代，需与众不同。这里的与众不同是区别于他人的特性，而不是标新立异的炫耀。

三、发明意识

有了独特的思想就要去发明、去发现。先说发明。发明是应用自然规律解决技术领域中特有问题而提出的创新性方案、措施过程和成果。手术模型的建立、动物疫苗的研制，都是发明。在日常诊疗过程中，一定要有发明意识，创造别人没有的方法、器械和药品等。没有发明意识，兽医学的光环最后只能越来越小，以至熄灭。发明创造才是事物永葆青春的不二法门。

四、发现思维

发明不容易，其实发现也很难。发明是"无中生有"，而发现是找出潜伏在我们身边的"敌人"。有一句话说的好："世界不缺少美，而缺少发现美的眼睛。"对于疾病的真相也是这样，世间每一种疾病都有它背后的真相，关键是我们有没有发现的眼睛。疾病的机理，事物的本质，一直就在那里，关键是我们怎么去发现它、认识它。世界上，治病的好药多得是，关键是我们怎么才能发现它、利用它。金庸武侠小说《神雕侠侣》中，原先以为克制情花之毒的只有绝情丹，但后来发现还有断肠草。有人说，长毒草的地方，方圆三步之内必有解药。这句话对别人来说或许是个笑谈，但我深信不疑，没有一种毒物是没有解药的，之所以没有是因为还没有发现。就像我常说的那句话一样，"没有哪个知识是没有用的，之所以没用，是还没有找到用的地方"。发现，既可以是完全陌生的事物或机理，也可以是我们熟视无睹的旧事物的新用途。发现实质就是一种创造，疾病诊疗还需要更多的发现，兽医的本质内涵还需要更多的发现。

兽医的创造性在于思想的独特，在于发明意识和发现思维。做到了这些，就是一个有创造能力的兽医，有创造能力的人。兽医的本质是什么？是人，是有尊严性、能动性和创造性的人。

第四章 兽医的目标

兽医通过完成维护动物繁衍，保护人类发展的使命而达到实现"同一个世界，同一个健康，同一个医学"的世界梦想。而要想实现这个梦想，首先在专业技术上要有过硬的本领，即兽医领头羊，才能胜任兽医工作，才可能实现上述口号。其次在精神上要有完全的奉献品质，即社会孺子牛，才能全心全意投入兽医工作，才可能实现上述口号。因此，兽医必须在专业上做领头羊，在精神上做孺子牛，才可能实现人、畜健康的终极梦想。兽医领头羊，社会孺子牛，就是兽医的目标，实现了这个目标，就实现了"同一个世界，同一个健康，同一个医学"的世界梦想。

第一节 概述

兽医目标的内涵分为两部分，一是兽医技术上的领头羊，二是精神层面的孺子牛。作为领头羊，不计大小；作为孺子牛，不分公母。

兽医领头羊是指大学培养出来的兽医不但技术过硬，而且要有领导才能。关于领导，我有两句解释的话：领群雄奋斗，导群众向善。团结一群志同道合的人，领导一批具有兽医理想的人，然后共同为兽医事业做出新的更大贡献；对于普通人，我们要用博爱精神引导他们、影响他们、感染他们，使他们走向人生的真善美。孺子牛就是甘于奉献的化身，与兽医提倡的博爱精神一脉相承。国立兽医学院所属的伏羲堂，是盛彤笙为招揽人才而建的兽医馆，在当时确实汇聚了很多兽医界的精英，即兽医领头羊。国立兽医学院隶属的兽医病院，在当时确实很好地服务了大西北的畜牧业，这就是社会孺子牛的具体体现。

一、羊无大小皆领头

兽医专业毕业的学生，一定会成为领头羊，只不过所领的羊群大小有别而已。世界领先，领全世界的羊；全国领先，领全国的羊；全省领先，领全省的羊；全区领先，领全区的羊；全县领先，领全县的羊；最不济，也得领全乡的羊。在技术上不断进步，精益求精，如果不能在全科上领跑，就在专科上领先，如野生动物方向、宠物方向或异宠方向等。不管在哪个方向，只要能带领一群同行共同致力于兽医的进步，就是兽医领头羊。

二、牛有公母均奉献

在精神层面，兽医既要像奶牛、肉牛一样奉献，也要想役用牛一样耕作，将牛的勤劳、朴实发挥至极致，共同推动兽医事业向前发展。兽医，得有甘为人梯的孺子牛精神，这样才能让这个职业得到社会的认同，才能让这个事业驶入健康发展的快车道。不计个人得失，努力传递正能量，维护动物和人类健康，就是兽医的奉献。

兽医的目标，就是在兽医技术领域做领头羊，在社会服务方面做孺子牛。那么，怎样才能做到兽医领头羊呢？就是要做到四个领先：兽医文化领先、兽医道德领先、兽医理论领先和兽医实践领先。

第二节　兽医文化领先

从第二节开始一直到第五节，主要探讨兽医领头羊到底需要在哪些方面领先，以及如何领先。首先是兽医文化领先。要想兽医文化领先，就得养成阅读习惯、形成思考能力、挖掘兽医内涵、传播兽医文化、创作文学力作和还原疾病本真。

一、养成阅读习惯

兽医原本是有文化的，后来被当成没文化的，现在又开始有文化了。既然有文化，就要有读书的习惯。要知道，这个世界上除了衣食住行，就是阅读最重要。衣食住行，维持生命；阅读书籍，提升精神。然而，现在很多人都失去了这一习惯，包括很多在校大学生。阅读是一种刻意的交流，写作是一种深入的思考，跑步是一种别样的独处，这是我对读书、写作、跑步的认识。从四十岁开始，我所做的课件，最后一张幻灯片都一样，我称它为励志图片。上面有读书、写作、跑步的照片，有我创建的"塔大兽医"微信公众号，还有一副表明我生活态度的对联：读书跑步写作，而立已过剩三味；慈善简朴忠孝，不惑将至守四真。为什么要养成读书习惯？因为不读不行。为什么这么说呢？因为兽医行业发展太快，不读跟不上诊疗的步伐。然而，现在的情况是，持机者众，而捧读者少。一切业余生活，都被手机霸占。若问，你从小到大一直坚持的一件事情是什么？我想多数人的答案是手机。手机固然可以阅读，但从专业的角度来讲，这绝对不是个主要工具，主要的工具还是带有墨香的图书。

二、形成思考能力

我一再强调记录与写作，因为记录与写作有利于思考。越是忙碌，越是要静下心来思考。可以思考人生的意义，可以思考兽医的价值，可以思考诊疗中的得失。但是，千万记住，不能思考的过了头，要不然第二天把听诊器一丢，出家去了。我们教学动物医院的老师曾经救治过两只天鹅，我把照片放到网上，很多人都以为那是呆头呆脑的家鹅。因为传说中所讲的洁白羽毛不见了，童话中所述的傲人的身姿不见了，科普中所写的飞翔的高度不见了，只留下一副呆傻的形象。但是，天鹅毕竟是天鹅，可以飞跃珠穆朗玛峰，只是此时在生病而已。拥有了思考能力的兽医就如同匍匐在地的天鹅，一旦思想贯通，必然一飞冲天。

三、挖掘兽医内涵

兽医虽然在文字上只有两个字，但是却有着深刻的内涵。兽医虽然不是圣人，但却是很多圣人和优秀者优点的集合体。做兽医，一定要有老子的哲学境界，鲁迅的批判精神，张仲景的医德医术和李小龙的强健与霸气。在哲学家身上，我们取的是智慧；在文学家的身上，我们借的是灵感；在医学家身上，我们挖的是仁心；在武术家的身上，我们要的是强健。为什么需要这些优点呢？因为疾病诊治的复杂，需要我们有智慧；疾病研究的瓶颈，需要我们有灵感；病畜的看护，需要我们有仁心；疾病诊疗的艰辛，需要我们有强健的身体。而要具备这些优点，首先要求我们有对生命的敬畏与热爱。

四、传播兽医文化

塔里木大学这几年一直在致力于兽医文化建设，最新上线的慕课"兽医之道"讲的就是兽医文化。兽医文化对增强师生对兽医的认同十分重要。当然，文化是一个很大的范畴，一切物质和精神财富都是文化。但我们通常所说的文化，主要指的是文、哲、史。在医学上有很多史学著作，如《西洋医学史》《八卦医学史》和《西北民族医学史》等。在哲学上也是，比如有《医学与哲学》《医学的哲学思考》和《医学逻辑思维》等。至于医学文化的书也比比皆是。但是，兽医文学、兽医哲学和兽医历史方面的著作，却少之又少，甚至一片空白。兽医也有成千上万年的发展历史，但史学著作却屈指可数，需要我们广大兽医去发掘和研究，让兽医的历史得以延续，推动兽医学不断向前发展。兽医哲学和兽医文学亦是如此，只有实现了空前的繁荣，才能将兽医学的发展推至巅峰。

五、创作文学力作

文学的影响力往往是不可估量的，比如说香格里拉的发现与成名，就是源于詹姆斯·希尔顿的一部文学作品《消失的地平线》。若有几部兽医文学的力作盛行于世，那我们兽医就会被世人重新认识。我们知道，很多文学大家都是弃医从文的人，如鲁迅、余华、柯南道尔、契诃夫、渡边淳一、毕淑敏、冰心和郭沫若等。其实，我们兽医也可以弃医从文。很多人以开玩笑的方式劝我弃医从文，我只能置之一笑。我心里想："最好还是别弃，弃了之后就失去了兽医丰富的经历，再想创作时，还得下到牛羊圈舍去重新体验生活，太麻烦。"再者，既然是兽医文学，就要建立在兽医工作之上，若弃兽医而另起炉灶，去写别的题材，纵然成为大家，也只是文学上的大家，与兽医何干？我一直坚信每一名兽医都是潜在的文学家，只要肯写，纵然作品不能畅销，也会对自己的兽医工作有所帮助。

六、还原疾病本真

最近读了一本书叫《疾病的哲学》，里面提到的观点我比较认同。说疾病是内心缺失或失衡的表征，因此治疗疾病就应该由内到外，首先从精神方面入手，注重营养，给予用药，最后实在不行再到医院开刀。而我们目前的治病方法与程序恰恰相反，先打针、吃药、住院，甚至开刀，然后再谈营养辅助和精神抚慰。我相信动物的治疗路线也应该是这样的，我们目前的治疗方法，缺失了两个很重要的方面，一是营养供给，二是心理抚慰。动物也是有感情的，对疾病的抵抗首先要从精神层面入手，心理防线崩溃了，再多的药石也是枉然。任何治疗手段都只是辅助，只有自身免疫力提高才是王道。而要想提高自身免疫，精神与营养首当其冲。疾病就是哲学的跑偏，因此回归到哲学的正途，就是推进疾病向健康发展。

兽医文化领先反映在方方面面，要养成阅读习惯、形成思考能力、挖掘兽医内涵、传播兽医文化、创作文学力作和还原疾病本真。有了兽医文化铺底，还不能保证成为兽医领头羊，还要在道德上领先。

第三节　兽医道德领先

兽医道德领先的内涵包括五个方面，分别是拥有医者仁心、注重动物福利、关注食品安全、重视畜主体验和守护薄弱基层。

一、拥有医者仁心

医者仁心中的"医者"说的是人医，其实兽医更配得上这个词。用爱心点亮生命，用热情照亮主人，兽医在从业过程中得付出双份的爱。爱护动物原本无可厚非，但必须建立在科学的基础上，绝对不能爱心泛滥，无视疾病的发展规律，在畜主苦苦的哀求之下，增加动物的痛苦。爱护动物、珍视生命、解除病患的痛苦是兽医的根本使命，而要做到这一切，医者的仁心起着主导作用。

二、注重动物福利

兽医和一些畜主，最大的问题是容易忽视动物的福利。动物有五大自由，即不受饥渴的自由，生活舒适的自由，不受痛苦、伤害和疾病的自由，生活无恐惧、无悲哀的自由和表达天性的自由。作为兽医，我一直在强调：你有不养动物的自由，一旦饲养了动物，就要设法保证动物的五大自由。然而，现实情况是，很多人饲养动物全靠心血来潮，一旦动物出现疾病或意外，就如弃敝履。我在动物医院从事诊疗工作的这些年，看到过很多这样的人，只喜欢健康动物带来的快乐，而不愿意承担患病动物赋予的责任。不饲养动物，没人去强求和指责你，但饲养后又随意丢弃，这在道德上和法律上都是有缺陷的。再者，动物有自己的天性，好玩儿的小狗咬着你的裤脚，你踢它一脚；可爱的小猫蹭你一下身体，你给它一巴掌，这都是扼杀动物天性的做法。当然，多数畜主爱动物胜于爱自己，即使是收养的动物也当作自己的孩子一样对待，不管它有多丑、多笨、多顽皮。

三、关注食品安全

曾经读过一篇微型小说，小说记述了这样一个故事：丈夫因故变成了植物人，妻子不离不弃照顾了十年，终于恢复健康。为了庆祝丈夫的重生，妻子大摆筵席，遍邀亲朋，以示庆祝。谁知饭后，丈夫死了，而且是中毒死的。曾经的好妻子突然成了犯罪嫌疑人。我们都知道，杀人是要有动机的，妻子花十年时间把丈夫救活，又毒死了，从逻辑上讲不大可能，除非妻子是变态杀人恶魔。我们也知道，杀人还要有作案手法，数十人都是一个锅里、一个盘子吃饭，都没事儿，单单丈夫一人中毒身亡，于情于理都说不通，再说下毒似乎也没有合适的机会。后来查来查去，终于锁定了死因。十年植物人，丈夫不食人间烟火，而蔬菜与肉品上农药与药物残留却在十年间翻了几十倍。别人十年缓慢食入，逐渐有了抵抗力，而丈夫突然大量食入，承受不了毒性之重，就一命呜呼了。这个故事告诉我们，食品安全已经到了不能忽视的地步。兽医的职责之一就是保障食品安全，不能乱用药，不能随意加大剂量用药，更不能让那些不合格的肉食品流入市场。2012年，网上出了一个很火的段子，叫"2012，皮鞋很忙"。"想吃果冻了，舔下皮鞋，想喝老酸奶了，舔下皮鞋，感冒要吃药了，还是舔下皮鞋！上得了厅堂，下得了厨房，爬得了高山，涉得了水塘，制得成酸奶，压得成胶囊，2012，皮鞋很忙！"皮鞋为什么很忙？道德究竟是从哪里开始丧失的？我不知道。但肯定不是兽医，因为兽医有自己的道德底线，而且一直坚守着自己的道德底线。

四、重视畜主体验

畜主带动物到动物医院就诊，是感受服务来了，而不是给自己添堵来了。社会对兽医的要求不仅仅是医术，还包括服务态度和服务水平。因此，检查要举足若轻，诊断要准确可靠，分析要细致入微，解答要不厌其烦，用药要删繁就简。敷衍了事和过度医疗都是绝对要不得的。兽医与畜主的沟通十分重要，那种只埋头治疗，不抬头交流的兽医，即便医术再高，也可能收不到满意的效果。每年，全国十佳兽医的评选标准，一看医术和服务，二看畜主的满意度。畜主体验的是兽医的服务，考查的却是兽医的道德。

五、守护薄弱基层

学术水平可能不高但专业素质一定可靠，这就是村级动物防疫员。整个动物防疫体系的最前沿，靠的就是这些孺子牛般村级防疫员。他们拿着微薄的工资，却阻击着恶性传染病；他们走街串巷，做着农民工的工作，却肩负着兽医的使命；他们最尖利的武器是注射器，他们最具威力的炮弹是疫苗；他们为六畜做着免疫，维护着生物安全，用最淳朴的赤子之心，书写着兽医的伟大。

拥有医者仁心，注重动物福利，关注食品安全，重视畜主体验，守护薄弱基层，做到了这些，就成全了兽医的道德，就成全了兽医领头羊的气质。有文化、有道德，只是通过了兽医考试的"政审"，还要有理论、有实践，才能最终成为合格的兽医。

第四节　兽医理论领先

第三节从拥有医者仁心、注重动物福利、关注食品安全、重视畜主体验和守护薄弱基层五个方面，阐述了兽医道德领先的内涵，并呼吁所有兽医及其相关工作人员，要始终将道德放在首位，用兽医的良知规范自己的言行，让兽医成为社会道德的楷模。本节主要来探讨兽医理论领先的内涵，包含四个方面的内容，即经典理论融会贯通、实际经验根植于心、前沿发展有所了解和诊疗理念有所创新。

一、兽医理论领先的内涵

自2014年始，塔里木大学每年定期举办"兽医专业技能大赛"，旨在重视临床实践，提升诊疗水平。虽说是专业技能大赛，但第一轮的淘汰赛却是理论竞赛。对此，很多学生与老师不理解，认为兽医技能大赛应主要考查操作能力，如果先理论竞赛，就会使部分实践能力强的学生早早被淘汰，而不能全面体现技能大赛的宗旨和水平。其实不然，大学教育讲究理论与实践并重，无扎实的理论基础，何以胜任实际的临床实践？若单纯地从事兽医实践，又何必进大学校园，中、高职也许更合适。大学承担着培养兽医高级人才的重任，理论精通、实践熟练才是最终的培养目标。除技能大赛外，我们还定期举办兽医专业知识竞赛，有力地促进了学生理论水平的提高。技能大赛先比理论，知识竞赛穿插技能，目的就是要通过手脑并用的方式培养兽医界未来的领头羊。

二、经典理论融会贯通

经常听到用人单位说：现在的大学生只懂理论，不懂实践。这是事实吗？绝对不是。实际情况是，实践不会，理论也多是一知半解。什么叫懂理论？先不探讨这个问题，先来听一段金庸武侠小说中的故事。故事的主角出自《天龙八部》，名叫王语嫣。王语嫣天生丽质，喜静不喜动，更讨厌打打杀杀。但就是这样一个弱不禁风的女子，居然将天下90%以上的武学统统背会，你露出一招半式，她就能迅速识别而且说出破解之法。王语嫣的表哥慕容复号称以彼之道还施彼身，精通天下武学，但在王语嫣面前如同孩童。王语嫣才是真正的以彼之道还施彼身，只不过需借助他人之手施于彼身。一个丝毫不会武功的人，居然能将武学理论融会贯通，去指导别人的武学实践，令人叹为观止。虽然只是小说家的虚构，但我深信不疑。我一直固执地认为，像王语嫣这样的理论水平才是真正的懂理论：不会应用，却有极高的鉴赏能力；不会操作，却能提出可行的破解之法。王语嫣的故事为我们兽医提供了莫大的启示：我们完全可以凭借胸中所学、脑中所想，对疾病性质做出准确判断，对治疗提出可行方案。王语嫣融会贯通经典理论的动力来自最原始的一种感情——爱情，而我们是有更高理想追求的群体，难道不应该表现的更出色吗？

三、实际经验根植于心

上课时，有相当一部分的学生，只带手机，不携带纸笔；或只全盘复制，不记录要点。这样导致的结果是缺乏思路，遗漏重点，未能形成自己的实际经验并记录在案。在实验实习过程中也是如此，尽管三番五次强调病例记录和分析的重要性，但鲜有人认同。笔是总结经验最好的梳子，本子是将经验根植于心的最佳媒体。缺乏记录，就是拒绝进步。兽医，不仅仅是将已有的经典理论消化吸收，更重要的是在每日的学习和诊疗过程中将获得的经验铭记于心。经验的积累是诊疗的基础，经验的提炼是进步的阶梯，经验的显露是成熟的前兆。除了总结自己的诊疗经验以外，广泛阅读，深入交流，学习他人的经验也十分重要。他山之石，可以攻玉。在当前飞速发展的兽医学面前，仅靠个人的身体力行是远远不够的，奉行拿来主义才能获得最快的进步。

四、前沿发展有所了解

兽医学科的发展日新月异，每天学习尚且步履蹒跚，更何况是固步自封，不思进取。踏入兽医这一行，就注定要终身学习，否则被时代和行业淘汰只是数年的事情。高科技设备的不断革新，创新理论的不断提出，国外技术的不断应用，让现实生活中的兽医应接不暇，疲于奔命。因此，每日浏览前沿文献，经常参与技术交流，定期更新理论知识，不断关注行业动态，是兽医必修的功课。目前，国内兽医的发展与欧美等国，乃至近邻日韩尚有较大差距。因此，坚定不移地学习经典巨著和名家最新力作是提升兽医诊疗水平的最佳途径。教科书仅是入门的基础，满足于现状其实质就是拒绝进步。信息技术的发展，让我们了解世界更为便捷，更为及时。每日浏览专业的最新进展是兽医或准兽医每日的必修课，尽管很多先进技术我们多半无法立即应用，但知与不知却是完全不同的两个境界。

五、诊疗理念有所创新

诊疗理念是诊疗过程中的行动指南，在临床诊疗中，除了继承前辈的先进诊疗理念之外，还必须有一套适合自己的诊疗理念。因学习环境不同，诊疗氛围和秉性习惯存在差异，兽医自然就会拥有不同的诊疗理念。但是，理念可有差异，为提高诊疗水平的目的却别无二致。因此，必须保证诊疗理念的科学性和先进性，才能在实际诊疗过程中无往而不利。问诊不漏疑点，检查杜绝片面，分析力求客观，治疗时感责任在肩，这都是兽医应该根植于心的理念。此外，从诊断到治疗，从治疗到医嘱，不能有丝毫马虎。兽医之学习不能有一日中断，动物疾病诊疗之细心不能有一丝疏忽，久而久之，临床诊疗理念就会不断深入，指引自己向名医方向前行。

兽医理论领先不是指空洞的理论领先，而是指实用的理论领先。首先要将经典理论融会贯通，其次要将实际经验根植于心，再者要对前沿发展有所了解，最后要使诊疗理念有所创新。理论领先只是对疾病有了鉴赏能力，有了指导能力，并不代表能够治愈疾病。要想治愈疾病，还要有过硬的实践技能，因此还要保证兽医实践也领先。

第五节　兽医实践领先

兽医终归是一个实践性很强的职业，依靠纸上谈兵是解决不了实际问题的。国内兽医高等教育也逐渐意识到这个问题，并已出台了国家动物医学专业人才培养质量标准和认证标准，包括学制的延长，实践教学条件的改善，师资水平的提高和课程体系的优化等。作为高等院校所培养的兽医学生，若不在兽医实践上领先，终究是"土兽医们"嗤之以鼻的对象，难以引领整个行业的发展。因此，花大力气、用新手段、建新标准是保证兽医学生实践技能领先的必要条件。

兽医实践领先包含四方面的内容，分别是常规诊疗烂熟于心，特殊诊疗紧跟时代，独特诊疗特色鲜明和未知诊疗勇于实践。

一、常规诊疗烂熟于心

兽医诊疗技术的发展突飞猛进，常人穷其一生也只能了解个大概。兽医学，尤其是小动物医学，其发展水平直追医学。在医学系统里，分科细致，专业精深，而兽医学只有大概的分科。因此，就专业水准而言，兽医与医学存在一定的差距。但是，常规的诊疗却相差无几，一个兽医专业毕业生若能将常规诊疗烂熟于心，一定是一名合格的毕业生，同时说明我们所培养的兽医人才已经纳入合格的范畴。动物毕竟不同于人类，有其自身的价格，超过动物本身价格的治疗毫无意义。所以，兽医专业毕业生精熟常规诊疗，就足以在社会上立足。当然，部分动物（如宠物）已经逾越本身价格的限制，上升至家庭成员的新高度，这就需要诊疗水平水涨船高，不断追赶与适应兽医学发展的脚步。所谓常规诊疗，就是要掌握常见动物常见病的发病原因、流行特点、临床症状、诊断、治疗与预防等。怎样才能将常规诊疗烂熟于心？一要钻研理论，二要勤于实践，三要善于总结，三者缺一不可。

二、特殊诊疗紧跟时代

无影像设备（如 X 射线机、超声、内窥镜、CT、核磁成像），已经难以在现代动物医院立足。而不会这些特殊诊疗手段的兽医，也将逐渐被社会所淘汰。作为高等教育，特殊诊疗手段必须作为主要教学内容之一，使学生得以基本掌握。当然，拍片、读片是一门大学问，不是高等教育就能够完成的使命，尚需自身在今后的实践中不断努力，才能跟得上时代的步伐，做到与时俱进。塔里木大学新的动物医学专业人才培养方案中，首次设置"兽医读片"课程，其目的就是引导学生关注和学习特殊诊疗技术，提升诊疗软实力，为在今后的兽医诊疗竞争中占有先机，拔得头筹。另外，塔里木大学在课外成立了兽医影像读片社，旨在拓展学生的特殊诊疗技能。兽医学的发展紧随世界科技的进步，不是一成不变的，这就需要兽医专业学生在苦练基本功的同时，能够瞄准诊疗前沿，注入自己的思想和活力，为整个行业的发展添砖加瓦。

三、独特诊疗特色鲜明

诊疗对兽医而言是一个巨大的范畴，不仅包含多种动物，而且包含同一种动物的多种分科，如内科、外科、产科、牙科、耳鼻喉科、皮肤科等。想精于全科，尤其是精于不同动物的全科，几乎是不可能的事情。因此，必须有自己擅长的诊疗领域，如皮肤病、肿瘤病、骨科、牙科、消化系统疾病或传染病等；抑或某种动物的疾病，如犬病、猫病、羊病、牛病、猪病、异宠疾病或野生动物疾病等。了解全科，着眼专科，这才是一名兽医发展的正途。诊疗专长即为诊疗特色。当某一类疾病发生时，畜主首先想到你，就说明你的独特诊疗已具特色，你在某个诊疗领域已成为领军人物。每个人的性格不同、兴趣不同、知识结构不同，今后所擅长的专业领域也会存在较大差异。因此，因材施教的教育手段必须在兽医教育中体现得淋漓尽致，否则千人一面，高等兽医教育的本质丧失殆尽。全科教育、专科发展，这将是今后兽医教育发展的主要目标。

四、未知诊疗勇于实践

兽医，永远走在探索的路上。不知名的疾病，不曾见过的动物，千奇百怪的病因，超出想象的症状，可能随时进入我们的视线，成为我们诊疗的对象。如何处理这些棘手的问题？一方面要求我们要有扎实理论基础和过硬的实践技能；另一方面要求我们要有科学的探索精神和大无畏精神。以已知应对未知，这是兽医必须具备的能力和魄力。逆境中勇于成长，困境中敢于突破，这是每个兽医都应该具备的潜质。诊断不拘常规，治疗不拘一格，是实践领先的基础。未知永远是兽医成长的动力，而非成功的绊脚石。对未知恐惧，在未知面前裹足不前，绝不应该是兽医应具备的品质。面对疑难杂症，以经验为基础，以思考为动力，以参阅为手段，以借鉴为启发，以生命为根本，以治愈为目标，相信问题终能圆满解决。

兽医实践领先，首先得将常规诊疗烂熟于心，打好基础；其次在特殊诊疗方面，要跟得上时代；再者，有自己的诊疗专长，做到独特而无可替代；最后，要做未知诊疗的探索者和开拓者，始终保持与时俱进。兽医领头羊，需要在文化、道德、理论与实践等方面都做到领头，这样才是合格的兽医。总的来说，兽医领头羊是兽医技术层面的目标，是高等院校兽医人才培养的第一目标。那第二目标是什么呢？就是社会孺子牛。

第六节　全心服务

兽医文化领先、兽医道德领先、兽医理论领先、兽医实践领先，共同铸就了兽医领头羊的特质。有了兽医领头羊的专业素养，还要有社会孺子牛的服务精神，二者兼备，才是兽医教育的根本性成功。在四年制或五年制的大学教学中，我们必须培养学生的服务能力，树立学生的服务意识。兽医的服务是特殊的，表面服务于动物，实际上服务于畜主，进而服务于整个社会。俯首为牛，甘于奉献，吃的是草，挤的是奶，这就要求兽医有强大的转化能力，能够将日常苦痛与艰辛这些"草"，转化为慰藉动物病痛和畜主忧伤的"奶"。全心服务包含五个方面的内容，分别是服务动物、服务畜主、服务社会、服务学生和服务兽医。

一、服务动物

首先，服务动物体现在减轻动物病痛上。患病是每个活的生物体不可避免的遭遇，当疾病来临，痛苦加身时，兽医的角色就显得十分重要。减轻疼痛，促进伤愈，恢复机能，抚慰心灵，这是兽医对患病动物应尽的责任。无视病痛，只重收入，不应该是兽医所具备的情怀。大到驼、象，小至蝼、蚁，病患所致之处，就是兽医爱心所达之地。兽医的服务，必须用兽医的爱心来浇灌，除此之外，别无他法。其次，服务动物体现在疾病预防上。教育畜主，一直是兽医不可推卸的责任。畜主有防病意识，兽医才能顺利完成疾病预防计划。如犬的疫苗接种、常规驱虫，很多畜主几乎没有概念，致使犬瘟热和犬细小病毒病等烈性传染病肆意流行，让无数爱犬历尽千般痛苦，甚至付出生命的代价。畜主有预防观念，才能建立完善的疾病防制体系，最终让兽医更好地服务于动物。为此，培养学生的宣讲能力，增强学生的说教意识，才能更好地服务于动物。再者，服务动物体现在注重动物福利上。让动物减轻疼痛，减少焦虑，健康生活是兽医的根本职责所在。用药遵守规定，不随意加大剂量，不故意延长疗程，不使用对疾病无关紧要的药物；治疗尊重科学，不放弃有生存希望的病畜，不增加无生存希望动物的痛苦，不强行维持无生活质量的患畜生命；诊断考虑动物感受，不无原则地将动物曝光在有害射线之下，不做无止痛的各类手术，不使用无必要的诊疗方法；预防有的放矢，尽量减少对动物的应激。动物享有同人类相同的健康权利，作为解除动物病痛的兽医，必须无条件地维护动物这一权利。最后，服务动物体现在及早结束无治疗价值动物的生命上。让动物健康生存固然是兽医的最高使命，但现实诊疗过程中的很多疾患，兽医只能望洋兴叹，爱莫能助。一旦确诊动物疾病不能治愈，而且无法减轻其病痛，安乐死就成为最人道的办法。无意义的治疗不是爱心的体现，相反，是爱心缺失和服务意识淡薄的表现。面对畜主的不忍和患畜的痛不欲生，兽医的心肠必须如铁如石，在治疗无望的前提下，坚决执行安乐死。兽医的感情，有时脆弱无比，在畜主的哀求下和眼泪的浸润下，不得不做违背医学与职业道德的事情，明知生命无望，却在被动地敷衍，以求对得起畜主。明里爱心昭然，实则兽医原则尽丧。像兽医这样的孺子牛，哺育的不仅是牛犊，还有羊羔、狗仔、鸡苗、马驹等。广义上讲，一切动物都是兽医救治的对象，服务的对象。服务动物，一言蔽之，就是让动物生有质量，死有尊严。

二、服务畜主

兽医的服务是双重性的，表面上看是服务动物，实质上是在服务畜主。兽医获得的收入和评价，全部来源于畜主，而成就感则人、畜各半。通过服务动物而间接服务于人的特殊性造就了兽医的特殊性，兽医服务的性质很大程度上取决于畜主对动物的态度。有的人将动物当作物品，而有的人将动物视作伴侣，这中间的差异不可同日而语。尽管兽医对患畜的态度是公平一致的，对待动物医疗是严肃认真的，但畜主千差万别的态度造就了兽医不一样的服务态度和服务水平。将动物看作物品的畜主，兽医尽量动用"廉价"的学识，使动物迅速痊愈而不谈经济收入。"不就是一只狗吗？怎么收那么多钱？"常常有畜主发出这样的疑问，让兽医无言以对。"你们不是社会孺子牛吗？怎么看病还收费？"这是物质类畜主的普遍疑问。"服务业是中国的第三产业，不收费，怎么带动经济发展？"兽医这样想，但往往不能这样说，唯有苦笑以对。将动物当作珍贵物品的畜主，兽医必须用心珍视，轻拿轻放。治疗时豪言不差钱，治疗后吹毛求疵，尤其是治疗失败后，哭天抢地将全部责任推给兽医。兽医只是一个普通工作者，不是起死回生的大罗金仙。面对这类貌似爱心泛滥的畜主，兽医软弱被指无能，强硬被称无良。将动物视作伴侣或亲人的畜主，兽医能够有效发挥最大才能，成功喜悦弥漫天空，失败伤感遍布全身。治愈给予无限感激，失败给予最大谅解，这是兽医最尊敬的畜主，对其服务也是全心全意的。兽医对动物的服务之心别无二致，但若掺杂对畜主的服务态度，其服务水平就可能参差不齐，这是兽医服务的最大特点。心怀动物疾患，眼观畜主脸色，是谓兽医。

三、服务社会

在社会分层中，兽医绝对是服务行业中的中坚分子。服务水平体现在专业水平和道德层面，前文已有论述。保障生物安全，维护动物健康，慰藉人类心灵，是兽医服务社会的主要内容。在人畜共患病的防治上，兽医功不可没；在救治动物的功劳薄上，兽医首当其冲；在挽救人类失落的精神世界里，兽医扮有重要角色。要树立社会孺子牛的伟大形象，兽医每天必须以书本为草，以实践为地，挤出伟大的爱心之奶，解除动物的饥饿感，提高动物的免疫力，从而使畜主开颜、社会和谐。

四、服务学生

要想服务好学生，必须有好的老师。教师对学生人格的影响是不可估量的，可以说教师的人格就是学生的人格，教师的格局就是学生的格局。当前，教育部提出"以本为本""四个回归"，为什么？就是因为现在很多教师打着科学研究的幌子，放弃了本科教育，放弃了本科生培养。教育部师范教育司负责人撰文指出："经过十年左右努力，教师综合素质、专业化水平和创新能力大幅提升，学历达到世界发达国家水平，培养造就数以百万计的骨干教师、数以十万计的卓越教师、数以万计的教育家型教师。"由于缺乏"以本为本"的思想，由于没有做到"四个回归"，致使我们缺乏教育家型教师，从而严重制约了高等教育的发展。过去西南联大的那些教授，哪一个不是载入史册的著名学者，他们都要给本科生上课，我们还不至于狂妄到敢与他们叫板的程度吧。兽医界，不缺乏教师，但缺乏教育家型教师。社会孺子牛的服务精神之一就是服务学生，而高校能为学生提供的最好服务，就是让他们接受教育家型教师的直接指导。

五、服务兽医

在兽医教育上，我们缺乏教育家型教师；同样，在兽医技能培训上，我们缺乏教练型兽医。我国兽医的飞速发展，最缺乏的就是教练型兽医。目前，兽医培训铺天盖地，但含金量比较高的培训，其主讲教师基本上都来自欧美、日韩或中国台湾。男儿当自强，兽医也要当自强，落后也许是耻辱，但也是动力与机遇。努力成为教练型兽医吧，因为有数以万计的兽医等着你去指导！

社会孺子牛强调的是一种精神，一种服务精神，不论是服务动物、服务畜主、服务社会，还是服务学生、服务教师，兽医都需要尽心尽力、自强自立，做出中国特色。

第七节　幽默生存

要想诠释兽医孺子牛精神，服务是第一位的；要想更好地服务，幽默是必要的。否则，兽医生活必然在巨大的压力下失衡。孟子有云："穷者独善其身，达者兼济天下"，幽默就是这里的"达"，有了幽默，兽医就有了兼济天下的资本。兽医要想做到幽默生存，首先要有自我解嘲的勇气，其次要有乐观向上的态度，最后要有幽默表达的方式。

一、幽默生存的内涵

兽医是一种压力型职业，能够背得起艰辛，才有生存的空间。工作时没有时间点，休息时又处于待命状态。电话铃声可能随时响起，一旦有动物就诊，就得放下手头的其他工作。再者，技术日新月异，疾病年年更新，这就要求兽医夜以继日地去学习、去提高、去交流、去进修。工作的无定式状态和学习上的辛劳，只对应兽医的基本承受能力。动物生死的大起大落，以及各类型畜主的批评、怨气和不理解才是兽医存在的最大压力。选择了兽医，就要同时选择幽默，否则生活可能了无趣味，不是主动离开就是被动放弃。幽默的方式有多种，最主要的是以幽默的方式自我解嘲。不管学识如何丰富，诊疗经验多么老到，人前丢脸是兽医的保留节目。待诊疗失败，颜面尽失时，自嘲两句，既是走出尴尬的台阶，又是慰藉挫折的良方。乐观向上的态度不是兽医的专利，但必须为兽医所用，否则一次失败就足以埋葬想做伟大兽医的豪情。生离死别，无力回天，不只存在于医院中，动物医院更为常见。没有坚强的内心，没有看淡生死的从容，就不可能有进步的兽医。幽默是有表达方式的，一句笑话、一段文字、一篇文章、一部著作，都是幽默的载体。不袒露心声，势必被压力逼疯。幽默的人生是社会的健康元素，是兽医所挤出来的奶的重要成分。精神沉郁的孺子牛，不仅产奶量不大，而且奶的品质不佳。因此，幽默生存是通向社会孺子牛的必要途径。

二、有自我解嘲的勇气

嘲笑自己不是自我贬低，而是缓解压力。作为动物医学专业学生，没有从业经历，没有实践经验，临床诊疗操作上出现失误，与畜主交流出现偏差，如同家常便饭。不主动自我解嘲，失误后的尴尬将无以排解。长此以往，郁积于心，易产生严重的心理障碍。大胆地、以幽默的方式暴露自己的不足，正视自己的错误，既是对自己内心压力的释放，也是求得他人谅解的良方。犬咬、驴踢、猫抓、牛踹、鸡啄、猪拱，乃至于人畜共患传染病尚且不惧，难道还缺乏自我解嘲的勇气？即便从医一二十年，失误仍不能避免，适时鼓起勇气，自嘲一把，也是不可或缺的人生经历。

三、有乐观向上的态度

乐观、豁达，原本就是兽医重要的人生态度。一次诊疗失败，就畏手畏脚；一次操作失误，就自怨自艾，这不是兽医应持有的态度。面对诊断中的挫折、治疗上的失败以及与畜主交流中的不和谐，兽医要平和心态，驶入乐观向上的正道。作为教师我一再告诫学生名利不可能弃绝，但可以淡泊，不要让眼前的小名小利，影响我们追求伟大兽医的步伐。同时也一再鼓励学生，兽医行业中充满艰辛与委屈，要学会承受和释放，疾病去除之日，就是我们自豪之时。解除动物疾患，慰藉畜主情感产生的成就感，一直是兽医追求目标过程中的最大动力。而这种动力必须有乐观向上的态度予以掌舵，否则可能偏离航道，走向一个又一个的极端。

四、有幽默的表达方式

英国乡村兽医吉米·哈利之所以被称为世界上最伟大的兽医，一方面是由于其在平凡的事业中彰显了伟大，另一方面是因为他将艰辛的工作转换成了幽默的表达。阅读其自传体小说，就是一种与动物深入交流的愉悦，也有不近人情的畜主，也有吹毛求疵的动物管理员，但不管怎样，吉米·哈利均以幽默的方式予以化解。听多了相声，看多了小品，发现误会即是幽默。兽医工作也不例外，也许当时我们难以承受、难免失落，但过后无非一笑。将动物与人生离死别的痛楚，将诊疗过程中因失误产生的小插曲，提炼为一个又一个幽默的小故事，讲给我们的亲人、朋友、同事、学生。面沉似水的冷幽默，也许更适合兽医，因为诊疗是庄严的，而生活是有趣的。用自己职业生活的艰辛，谱写人间别样的幽默，这也是一种孺子牛的精神。

幽默是一种深入骨髓的气质，有幽默感的兽医才能扛得住压力，从而更好地践行孺子牛精神。自嘲可缓解高压力，乐观提供永动力，幽默传递亲和力，这些都是积极心态的表现，都是兽医气质散发出的正能量。兽医需要幽默，但更需要表达；幽默是顶住压力的柱石，而表达是释放压力的气门。

第八节 适度表达

用真诚的表达化解畜主内心的寒冰，是对社会孺子牛精神的另一种诠释。表达，既是专业方面的交流，又是生死边缘的谈判，同时也是内心正能量的释放。适度，讲究的是表达的尺度，表达只有恰如其分，才能深层次地体现社会孺子牛的精神。针对不同的群体，面对不同的对象，服务的含义是有差别的，故表达的重点和程度也存在极大的不同。

兽医面对的是生命，既可以看到生命的脆弱，也可以感受到生命的坚强。在大起大落、大喜大悲的兽医诊疗过程中，兽医若没有坚强的心，根本承受不了生命坠落产生的撞击力。而幽默是坚强内心的减震器，是调节兽医生活、抵抗压力的最好武器。如果说幽默是压力的减震器，那么表达就是释放压力的套管针。本节主要从三个方面阐述适度表达的形式和意义，分别是与同行交流、与畜主交谈和与自己交心。

一、与同行交流

动物疾病的深层次问题，唯有同行可以相互分享。兽医行业的发展最忌讳的是某些兽医有些许独到经验，就埋藏在心里，秘而不宣，自以为祖传秘方，可传世千年，生怕别人窃走。民间兽医，有这种行为尚可理解，而受过高等教育的大学师生若有此念，则兽医学的发展危矣。与同行分享、切磋，相互取长补短，才是兽医发展的正道。兽医的基础是胸怀，兽医的发展需要情怀，同行之间相互扶持，推心置腹，才是孺子牛精神的根本体现。学校是社会的缩影，同时也是社会的精华。动物医学专业师生不藏私、不隐瞒、不半遮半掩、不偷工减料，经常进行专业交流，才能促进整个兽医学科的发展。近几年，我们围绕疾病诊疗开展的"悬疑讲堂"，就是一种很好的同行交流方式。每一名老师，将自己最深的体会、最佳的技能、最新的理念毫无保留地公开奉献给每一个渴望兽医知识的人。服务于人才培养就是服务于社会，孺子牛的精神首先就要体现在大公无私上。

二、与畜主交谈

兽医是通过服务动物来服务人类的，与畜主交谈是服务的最有效方式之一。让畜主了解病情，了解诊疗过程，了解自己动物的处境，是对兽医的重要责任。人的性格千差万别，对动物的感情深厚有别，对金钱的态度迥然不同，因此与畜主交谈是兽医最困难的工作之一，有时远比疾病诊疗困难。与通情达理的畜主交谈，是兽医的幸运，成就感在那一刻得到升华；与自以为是的畜主交谈，是对兽医最艰险的考验，可能会将数十年积累的专业经验击得粉碎。与畜主交谈，属于高超的专业技能，可惜的是没有一所学校、一名教师开设过类似的课程，传授过类似的经验。于是，在诊疗中自我体会、自我成长成为唯一的适应之法。交谈就是服务。在兽医人才培养体系中，应开设与畜主交谈的理论课程和实践课程，应开设与交谈相对应的畜主心理学课程，应开展应对交谈困难学生的心理辅导课程。兽医的真正压力往往不在专业本身，而在于应对奇葩畜主的策略与方法。既通过交谈服务了畜主，同时不给自己从业经历上留下阴影，是兽医教育亟需研究的课题。

三、与自己交心

兽医的表达不能局限于话语，还应延伸至文字。当前，我国执业兽医的准入条件就是兽医及其相关专业专科以上，由此可见，学历层次和文化水平都是非常高的。对于受过高等教育的兽医或准兽医，经常以文字的形式表达对专业的认识、对职业的思考、对教育的感悟、对动物的理解，具有十分重要的意义。心领神会，以文字之刀剖检自己的内心情感，才能更加热爱自己的专业。文字本身是人与灵魂对话的产物，兽医善加利用，是成就自己事业的良方。这种灵魂对话，不仅可以警惕自己，同时也可提醒他人。话语表达的责任，文字表达的欲望，共同构建起兽医服务的框架。目前，我正在创作一部兽医小说，叫《牛人》，就是要通过文字的形式与自己进行一场深入的交谈。一章写牛，一章写人，人牛合一，就是牛人。兽医的最高境界，是处在动物的立场与视角审视世界。

总的来说，就是在专业技术上具备"领头羊"的潜质，在服务精神上落实学生"孺子牛"的意识，二者兼具，就从根本上达到了兽医的目标。

第五章　兽医的素质

第四章探讨了兽医的目标，即兽医领头羊，社会孺子牛，也就是在技术上努力做领头羊，在精神上努力做孺子牛。兽医既然是领头羊与孺子牛的合体，其素质必定与众不同。本章将从专业角度探讨兽医所具有的独特素质。从专业角度谈兽医的素质，就是在谈执业兽医师的素质。执业兽医师的素质主要包括三个方面，即精于理论、勤于实践和善于推断。

第一节　概述

执业兽医师资格考试的报考条件是动物医学专业（兽医专业）及其相关专业专科以上人员，其目的就是要强调理论的重要性。没有理论奠基，兽医只能在乡村的猪圈或羊舍之间徘徊，根本谈不上实现领头羊的目标，因此，理论是成就兽医的基础。执业兽医师资格考试题目越来越倾向于实践，其目的就是为了突出应用性。兽医是用来解决实际问题的，不是用来高谈阔论的，因此实践是成就真正兽医的途径。有了扎实的理论知识和丰富的实践经验，就有了推断能力的支架。推断准确，治疗才会有效，预防才会有的放矢，因此推断能力是成就兽医的终极武器。但是，如何才能做到精于理论、勤于实践和善于推断呢？本节将探讨这些问题。

一、执业兽医师必需的三项素质

全面实行执业兽医准入制度是我国的大势所趋，同时也是与国际兽医接轨的重要举措。作为执业兽医的后备军，动物医学专业学生必须具有高尚的职业道德和良好的专业素养，这样才能成为一名合格的兽医，从而保证动物的健康，更好地服务于人民。而高尚的职业道德和良好的专业素养首先源于正确的诊断。如何正确地诊断？如何提高诊断的准确率是兽医永久的研究课题。很显然，具有扎实的专业基础理论知识、丰富的临床诊疗实践经验和缜密的逻辑推理思维，是做好一名执业兽医的重要保证。精于理论、勤于实践和善于推断既是执业兽医的三大素质，同时也是执业兽医的三大法宝。其中，精于理论是基础，勤于实践是途径，善于推断是目的。而且，理论是实践的升华，实践是理论的源泉，推断是在理论与实践基础上的思维风暴。此三者相互依存，渐次递进，缺一不足以做合格的兽医。近两年，我校动物医学专业学生，在全国两届"雄鹰杯"小动物医师大赛中表现突出，均获得一等奖。之所以能够取得这样的成绩，就是在一定程度上做到了精于理论、勤于实践和善于推断。

二、精于理论

要做到精于理论，我认为可以从三个方面下手。第一，勤学。读书是一种刻意的交流，一定要让读书成为生命的源流。古人囊萤映雪、凿壁借光、头悬梁、锥刺股等故事，都是我们学习的榜样。现代的 LED 灯比囊萤、映雪、隔壁漏过来的油灯光亮堂了何止百倍，但很多读书人对光明的向往却阴暗了许多，这实在是一种悲哀。我们一定要重塑古人的勤奋，为精于理论做足功课。第二，勤记。写作是一种深入的思考，我们要让思考留下文字的印迹。其实，笔与纸是读书人最实用的武器，用得好，能够战胜一切困难。病例、思路、目标、计划、感悟，都可以记录下来，这样才能更好地梳理自己的思路。第三，勤梳理。一只猫都懂得每天梳理自己的被毛，一个人怎么能每天不去梳理自己的思路呢？梳理思路，就是开辟新路。我认为，对于兽医而言，最缺乏的资源是时间。如果能有大把的时间，一定能够取得更大的进步。时间是公平的，任何人的一天都是 24 小时，但怎样利用这 24 小时却大不相同。吉米·哈利诊疗不分白天黑夜，即便这样，还能抽出时间创作大量的小说，我们有什么理由抱怨时间不够呢？现实的情况是，越忙的人，越可能做出意想不到的成绩；越闲的人，反而多半毫无建树。并不是越忙的人时间越多，而是越繁忙的人越善于梳理思路，越善于拟订计划，越善于执行计划，越善于总结，越懂得自律。精于理论的人，一定是目的性很强，又有自律性的人。

三、勤于实践

如何才能做到勤于实践？也是三条。第一，贪得上时间。很多学生都跟我说过："老师，我想在教学动物医院实习。"我问："你有时间吗？"学生说："有"。我说："那就来吧。"结果三天热潮后，就再也看不见人了；坚持时间较长的，也多半三天打鱼，两天晒网，来的自由，去的从容。这样的学生，到最后基本什么也学不到。而那种一有时间就在教学动物医院守候，节假日也不缺勤的学生，最后一定是实践能力最强的学生。大学生最大的资本是年轻，年轻的最大资本是有时间。若不把时间当成财富，当成资本，无论读多少年大学，都是读书人中的乞丐。第二，忍得了孤独。理论学习是枯燥的，其实实践学习又何尝不是呢？你在动物医院待一天，不见得能遇到病例，可你刚走，可能就来一堆。有病例时感到兴奋，那没有病例时怎么办呢？学习。即便是有病例，天天就那么几种病，久而久之也会产生厌烦心理。但病与病之间一样吗？达·芬奇不停地画鸡蛋练功，因为没有两颗鸡蛋是一样的。鸡蛋尚且如此，疾病又怎么可能完全相同？鸡蛋之间、疾病之间这种细微的差别，只有勤于实践的人，才能感觉得出来，但勤于实践是建立在孤独的基础上的。整天与一帮人打打闹闹、叽叽喳喳，怎么可能有独立的空间，怎么可能有深入学习的机会？第三，扛得住压力。实践过程中，存在多种压力：小到注射找不到血管，大到看病寻不到病因。这种无助的感觉常常压得人喘不上气来，如果扛不住这些压力，最终就得放弃兽医工作。我认识很多人，最初都是兽医，但没多久就改行了，因为他们扛不住压力。时间上能保证，孤独上能应对，压力上能缓解，就能做到勤于实践。

四、善于推断

如何做到善于推断？有三点建议。第一，细致的观察。兽医诊疗最怕的就是视而不见，看不到异常所在。观察力当如鹰眼，虽远离万米，亦能明察秋毫。有了细致的观察，才能搜集更多的资料，有了更多的资料，才容易做出正确的诊断。第二，严密的思维。兽医诊断就是一个推理过程，把仔细观察得到的结果经过逻辑思维推理，就能探知疾病的真相。在逻辑思维方面，当以爱因斯坦为榜样，用已知的知识去推演未知的世界。第三，理性的验证。发现任何问题，都不能轻易下结论，要谨慎验证，当一切疑点豁然开朗之际，就是真相大白于天下之时。有这样一个病例，只要是视力正常的人，就会知道动物体内有异物，而且是丝丝缕缕的电话线样异物；只要稍稍学过兽医解剖学的人，就会断定异物最可能在肠道。但日本兽医大家菅沼常德认为，异物也可能在扩大的胃里。因此，他做了钡餐造影进行验证，结果发现异物真在扩张的胃里。假如当时不去验证，直接把动物肚子划开、肠子切开，白忙乱一场不说，而且给动物造成不必要的伤害。可见理性的验证是十分必要的。观察得数据，推理得结果，验证提方案，三者环环相扣，才叫善于推断。

兽医是为动物看病的人，而要想看好病，就必须精通理论、勤于实践和善于推断。至于如何做到这三点，已经给大家提出了建议。当然，可能远不止这些，需要在今后的实践中进一步进行总结和提炼。

第二节　精于理论

兽医的素质包含三方面内容，分别是精于理论，勤于实践和善于推断。就精于理论来讲，到底需要精于哪些理论？这是本节要重点探讨的问题。精于理论，不但要精于兽医基础理论和兽医管理理论，还要精于环境影响理论。这三项理论，任何一项不够精通，都会给诊疗带来严重的影响。

一、精于理论的内涵

在兽医临床实践中，怀揣理论者多，而躬身实践者少，社会所需的能够解决实际问题者少之又少，而理论与实践俱佳者更是凤毛麟角。动物医学专业毕业生一直是基层兽医嗤之以鼻的对象，原因在于只通理论，不精实践。动物医学专业毕业生在实习过程中，亲眼目睹了基层兽医的娴熟操作，产生了自惭形秽的念头，于是理论无用的观点悄然兴起并渐呈扩大趋势。其实，基层兽医的熟练操作不过是盲人摸象罢了，殊不知理论与实践精通才是真正意义上的大象。不是理论无用，而是不知道怎么去用。理论之所以无用，是因为多数实践没有应用理论去指导，同时也缺乏将日常实践凝练成理论的习惯。须知，理论来源于实践，但又高于实践，是一切行动的指南。缺乏这一行动指南，实践再好也只能是在某一范围内打转，难以获得实质性的突破。正是基于这一原因，致使无数实践经验丰富的兽医发展到一定程度后再难以提升。精于理论是做好兽医实践工作的前提，也是提升兽医实践水平的载体。有了扎实的理论之舟，再驶入波澜壮阔的实践之海，成为优秀执业兽医师只是时间问题。

二、精于兽医基础理论

兽医各科知识逐次递进，相互联系，相互依存，一科存在缺陷，势必影响其他各科的准确理解，从而给诊疗工作带来一定的盲区。以兽医临床诊断学为例，前有解剖学、组织学、生理学、生物化学、免疫学、微生物学、药理学和病理学等基础课程，后有内科学、外科学、产科学、传染病学和寄生虫学等临床课程，作为桥梁课程的兽医临床诊断学，必须将前面的基础课程和后面的临床课程有机地联系起来，才能形成一个完整的兽医知识体系。解剖学是兽医专业基础课中的重要课程，不知位置，不晓形态，不懂结构，诊断势必无从入手。解剖学是宏观结构，组织学是微观展示，缺乏对生命基本单元结构与功能的了解，诊断更是如同无源之水。症状就是致病因素驱使下的不正常表现或病理学异常。欲知病理，先晓生理，由此可见，生理学和病理学是诊断学至关重要的基础。生理学旨在阐明一切组织器官正常活动的机制，而病理学则关注生理异常产生的机制。生物化学是体内的化学，是维持生理的基础之一，同时也是造成病理的原因之一。因此，精通生物化学也是保证正确诊断的基础。至于微生物及免疫学，是致病因素与机体防御系统的平衡体系，也在诊断精通之列。药理学既是诊断的工具，又是治疗疾病的利器，不可不知。诊断学是兽医诊疗的发动机，精通了诊断，就是掌握了诊疗的核心。所以说，精于兽医基础理论是正确诊断的基础，也是成为一名合格执业兽医师的基础。例如，在临床诊疗中将大体解剖与影像（X 射线）解剖对应起来，不但要通晓正常器官的对应关系，还要考虑异常时的可能情况，而且要推断出病因，解释清楚机理，这才算真正地精通兽医基础理论。

三、精于生产管理理论

兽医临床诊断学中的问诊和视诊都包含有生产管理的内容，而在生产实际中，动物疾病的发生也确实与生产管理密不可分，很多疾病都是由生产中的纰漏或片面追求高产造成的。熟悉生产中的各个环节有助于疾病的诊断、治疗和预防，如通常所患的营养代谢病和中毒性疾病，基本上是由于饲料添加剂或药物添加不当、搅拌不均、饲喂不合理、饲养不规范、管理不到位等因素引起。精于生产管理理论，才能快速而准确地找到病因所在，于治疗可做到目标明确，于预防可做到有的放矢，于生产可做到管理清晰。不熟悉生产管理环节，而只注重疾病本身的诊疗和防治，必然难以掌控全局，从而难以提出行之有效的诊疗方案和防治措施。生产管理理论所涉及范围较广，包括动物生产中的主要环节、动物营养的基本理论、动物繁殖与育种的主要措施，以及日常管理的规范章程等。例如真胃变位，真胃为什么不呆在自己的位置上，喜欢到处乱窜，十之八九与饲料的组成有关。再如难产，奶牛为什么经常难产，和过早配种、运动太少以及营养过剩等管理因素有关。曾经见到一个奶牛乳房炎病例，乳房肿胀到左右撑开腿，上下拖到地的程度，这头奶牛一旦躺下就再也站不起来了，因为乳房的沉重已经远远超出了它起身的体力，所以我们这些兽医，每天早上都要费尽吃奶的力气把它扶起来。乳房炎虽说多数是由病原微生物引起，但首要因素还是管理不善造成的。因此，精于生产管理理论对疾病的诊治与防控有着重要意义。

四、精于环境影响理论

环境不仅对疾病存在较大影响，而且对疾病诊疗也存在较大影响。兽医诊疗工作中的环境不仅仅是自然环境，还包括周边的环境，如工业种类、有毒动植物的分布、养殖情况以及人畜共患病的流行情况等。当前，都市的雾霾、边疆的风沙、田间地头的农药、不法商贩的劣质产品等都是影响因素，兽医必须与时俱进，才能跟得上日益复杂的诊断步伐。更为广义的环境，还应包括养殖企业人员或畜主的专业素养和人文素质等，如哪些饲草料或食品不能饲喂哪些动物，哪些添加剂不能昧着良心随意添加等。任何一个环境因素的变化，都可能导致动物疾病的发生或诊断的失误和治疗的延阻等。工业"三废"的污染，地壳元素的分布，周边疫病的传播，甚至人类感情的变化，无不是致病因素；饲养人员的疏忽大意，管理人员的刻意隐瞒与误导，宠物主人的过分溺爱，无不是诊疗失误的主因。因此，精于环境影响理论，有目的、有选择、去伪存真地取舍诊疗环境的影响，是学好诊断的基础之一，也是一名执业兽医师必备的基本素质。南方潮湿，多发霉菌中毒病；北方地广，多发毒草中毒病。再者，很多疾病由蚊虫传播，而蚊虫的出现与泛滥又与环境有关。

精于理论首先要精通兽医基础理论，其次精通生产管理理论和环境影响理论。忽略理论的兽医，已经输在了起跑线上，后面的实践水平再高，终究成就有限。首先精通理论的兽医则完全不同，良好的根基已经奠定，需要的只是勤于实践。

第三节　勤于实践

作为一名兽医，不但要精于兽医基础理论，还要精于生产管理理论和环境影响理论。然而，仅仅精于理论，显然不足以做一名合格的兽医，还需要在此基础上，进一步勤于实践。勤于实践，要实践哪些内容？简而言之，勤于实践是指兽医要勤于兽医临床实践，勤于实验室诊断实践和勤于科学研究实践。

一、勤于实践的内涵

再完善的理论如果不经实践的洗礼，终究是空洞的理论，终究是纸上谈兵的应景语言，对兽医诊疗起不到应有的效果。兽医的精髓在于临床实践，只有通过理论指导实践，通过实践验证和丰富理论，才是兽医最完美的学习和实践方法。作为兽医，若只在理论的躯壳中生存，而不能将实践的灵魂放在生产实际中淬炼，只能是夸夸其谈的兽医；若只在生产实践的泥沼中滚打，而未能在理论的海洋中畅游，终归是根基肤浅的兽医。精通理论后的勤奋实践，是学好兽医的唯一正确途径，也是成就一名合格兽医的正道。

二、勤于兽医临床实践

动物疾病诊疗技能只有在不断的实践过程中才能彻底融会贯通，成为兽医诊疗中的利器。兽医必须通过实践的磨练才能成长，否则就如长不大的婴孩，永远蜷缩在摇篮里，根本无法完成挽救动物生命的使命。不会基本诊断方法，如何进行临床检查？不会识别症状，不知道症状所蕴含的意义，如何进行疾病诊断？不会按部就班的诊疗程序，不知细致缜密的推理方法，不懂科学推理的方法，如何能够认清疾病的性质？再者，动物疾病的复杂，远远超过普通人的想象，没有丰富的诊疗经验，就不可能胜任兽医工作。动物疾病的发生是复杂的、变化的，在疾病共性的基础上常呈现出不可捉摸的一面，若无丰富的临床经验，很难做出准确的诊断。动物疾病的复杂性在于：动物种类各异，品种繁多；动物疾病多样，而兽医分科不够精细；动物表达欠缺，获得详细的发病资料相对困难；动物配合有限，难以开展详细检查；动物用途不一，患病各异。由此可见，兽医对实践的要求非常之高。兽医临床实践的类型十分丰富，有门诊坐诊、农户出诊、养殖场面诊、远程问诊以及专家会诊等。在日常的诊疗过程中，每一种实践方式都要用心去做，方能提高临床诊疗水平，成为名副其实的兽医。在临床上经常会见到这样的患病犬，精神沉郁，眼屎布满双眼，鼻端干燥，有实践经验的人，一看就知道感染了犬瘟热。由此可见，勤于兽医临床实践是积累诊疗经验的主要途径。

三、勤于实验室诊断实践

只有基本临床实践是不够的，必须在临床诊疗的基础上广泛开展实验室诊断，验证临床诊断结果，以此来快速提高临床诊断准确率。兽医学的快速发展，设备的不断更新，检测方法的层出不穷，使得兽医知识与技能必须快速更新。一切用于疾病诊断的设备与方法，都是兽医临床诊断学研究的内容，因此，实验室诊断的实践一刻都不能放松。常规的实验室诊断方法包括血常规检查、尿常规检查、生化指标检测、超声检查、X 射线检查、心电图检查以及病原的分离培养和动物试验等。小动物医学的腾飞，使得实验室诊断不断提高档次、水平和规模。而要实现上档次、上水平、上规模，实践首当其冲。依靠传统的听诊器、体温计等简单器械对动物做出初步诊断固然十分重要，但要做进一步检查确诊，就有些力不从心了。只有与实验室诊断方法有机地结合起来，才能步入正确诊断的快车道。实验室诊断不单单是诊断，对于治疗方法的选择和治疗方案的制定同样起着决定性作用。如电解质的检测，不仅能够确定病因，而且能够为临床治疗提供翔实的数据。总之，精于实验室诊断实践，是推进准确诊断的最有效法宝。

如果说一线诊疗是动物医学专业学生的弱项，那么实验室诊断就应该是其优势。当代大学生对于自己的优势项目一定要精益求精，使其成为自己的标志。当前的些许幼稚并不可怕，只要假以时日，多在临床诊疗中历练，必然能够成长为一名合格的兽医。曾在临床上见到这样一个病例：成年母马，食欲下降，被毛粗乱，畜主要求出诊。我和几名学生驱车前往诊查。我首先翻看了马的眼结合膜，有些苍白。苍白是贫血的征兆，但贫血的原因很多，究竟是什么造成的贫血尚无法判断，也就很难提出有针对性的治疗方案。为了进一步确诊，我采了一管血，回去做了血常规。血常规数值及红细胞直方图显示，该病马患的是大细胞型贫血，而大细胞型贫血通常是由 B 族维生素缺乏引起的。因此，我让畜主每天给病马注射复合维生素 B 注射液，连续一周。一周后回访，恢复了正常。这个病例告诉我们，光靠临床检查存在着很大的局限性，关键时候还需要实验室检查去验证。当然，缺乏B 族维生素也算是诊断，但绝不是精确的诊断。缺乏 B 族维生素是肯定的，但缺哪一种？为什么缺？是饲料中含量不足？还是机体内存在抗营养的物质？还是机体根本就不能吸收？还是吸收了不能转运？还是在体内来不及利用就排出了体外？还是由于动物生理性需要量加大而导致相对不足？最终的诊断，最好能够锁定病因，而且越细致越好。

四、勤于科学研究实践

没有科学研究，疾病的诊断理论与方法必然停滞不前，从而难以适应日益增长的兽医需求。作为接受过兽医高等教育的师生来说，在诊疗之余，对感兴趣的疾病或生产中亟待解决的问题进行深入研究，是十分必要的。进行科学研究，是对诊疗理念与技术的进一步升华。也就是说，在深入研究某一方面的问题后，不仅能够成为该方面的专家，而且同时会增强对其他相关问题的理解。将研究成果用于临床诊疗实践中，常有意想不到的效果；而研究在实践中遇到的问题，常有不能自拔的快意。如此研究实践与诊疗实践交相辉映，实验室诊断实践有益补充，兽医诊疗水平会得到快速提升。作为科学研究，当下多数人认为就是从分子水平研究疾病的机制。作为本科生，从事这方面的研究也不是不行，但多少有点不切合实际，研究应从最基本的临床诊疗开始。如在犬病中，细小病毒病是最为常见的一种传染病，传统研究主要在用药防治上，而对于体温和体重的变化很少有人关注。如果研究体温、体重与动物诊疗效果之间的关系也不失为一个很好的选题。因此，临床诊疗的研究，不在乎所用设备是否高大上，而在于是否适用，是否能够观察并总结出别人忽视的诊疗规律。对于 X 射线检查的研究、对于动物 X 射线解剖学的研究，也是科学研究的有效选题。科学研究无处不在、无时不有，想弄清楚的问题并努力付诸实践，就是科学研究。兽医的疑问永远不会枯竭，因此科学研究也永远不会停止。

扎实的理论知识是学好兽医诊疗之本，而实践的全面贯彻与拓展是学好兽医诊疗的唯一途径。精于理论和勤于实践是学好兽医诊疗的必要条件，但仅此两项尚不足以完全掌握兽医诊疗的内涵，只有在二者基础上做到善于推断，才算彻底掌握了诊疗之道，才算具备了执业兽医师的所有潜质。

第四节　善于推断

具备了精于理论和勤于实践两项素质只是拥有了做合格兽医师的基础，再加上善于推断，才算成为真正的执业兽医师。推断需要理论的支撑，需要实践的验证。如何才能做到善于推断？本节主要来探讨这个问题。所谓善于推断，不仅要善于现场诊疗推断，还要善于诊疗推理思考和善于总结提炼诊断过程。思"前"想"后"考虑"中"，不断反复地揣摩，才能切实地提高推断能力。

一、善于推断的内涵

动物疾病诊断犹如断案，首先得有细致的观察，其次要有扎实的理论，最后需要在观察的基础上充分应用所学知识做出合理的分析和判断。推断能力是诊断的灵魂，当然这个灵魂必须建立在精于理论和勤于实践的躯体之上，否则再强的推断能力也无借力之处。因此，培养学生的推断能力是动物医学专业教学的核心之一，而具备疾病推断能力是从事兽医专业的核心能力之一。然而，当前兽医教学普遍面临的现状是，只给学生灌输相关理论，在实践上涉猎较少，至于推理能力的培养几乎空白。动物疾病日新月异、层出不穷，没有缜密的推理能力，根本无法胜任临床诊疗工作。在精通理论，勤于实践和善于推断三大能力中，推断能力是联系理论与实践的纽带，缺乏兽医临床诊疗工作将无以为继。推断需要贯穿于兽医诊疗工作的始终。

二、善于现场诊断推理

对患病动物所处环境的细致观察，对患病动物体格的详细检查，对患病动物畜主的循循善诱，对动物尸体的充分剖检，是做到现场诊疗推断的基础。抓住蛛丝马迹，探寻疾病本质，提出合理治疗方案，是一名合格兽医的最基本素质。在疾病诊断中，方法是为搜集症状服务的，而搜集症状是为诊断疾病服务的，其中由症状到诊断所依赖的是诊断疾病的方法论，其实质就是我们这里所说的推断能力。换言之，精于理论是为症状服务的，勤于实践是为方法做铺垫的，而善于推断是为疾病诊断的方法论做支撑的。在兽医临床实践中，依据现场检查结果，运用基础理论知识，快速进行推断，是临床诊疗工作中必须具备的能力，但这种能力非经长期实践而不可获得。但是，一旦拥有了出色的推断能力，通过一个简单的症状，就能看透疾病的本质；通过一系列的症状，就可以理出疾病发生发展的头绪；通过治疗的初步情况，就能够推知疾病的预后；通过与畜主或饲养员的交谈，就可以判断其所提供病史的真假。推断能力的出色，是兽医先知先觉的基础，而先知先觉的能力是学好兽医临床诊断学的标志。疾病诊疗推断的真谛在于不放过任何细节，不放过任何不能合理解释的盲点，但同时又不拘泥于任何既定的套路，能够在千丝万缕的线索中找到突破口，最终获得正确诊断。疾病推断过程是一个精细而复杂的过程，需要通过反复的诊疗实践和专门的推理训练才能运用自如。现场诊疗推断除了敏捷而缜密的思维之外，尚需熟练应用临床诊断基本方法，即问诊、视诊、触诊、叩诊、听诊和嗅诊。当然，掌握了临床诊断基本方法，具备了敏锐的症状搜集和筛选能力，拥有了非凡的推断能力，并不代表能够在现场解决一切疾病。很多复杂的疾病需要在现场诊疗后反复推敲，不断研究，才能找到准确的病因。临床上因乳房过大而躺卧的牛，因为臌气而扩张的瘤胃，因脱水而下陷的眼眶，都需要我们去寻找发病的原因，而这种寻找依赖的就是推理能力。

三、善于诊疗推理后思考

现场诊疗的推断固然重要，但因时间及线索的限制，往往有失偏颇，难以尽善尽美，因此诊疗后的深度思考十分必要。一方面可以验证现场推理的合理性，另一方面可以总结经验、提升技艺。总的来讲，想完全吃透疾病诊疗，需要将动物、疾病、诊疗作为思考的主体，而且这种思考不仅仅落实在诊疗之时，更应延伸至诊疗之后。不断思索、不断推敲、不断再现疾病诊疗过程中的一切细节，充分调动已有的理论知识，结合日常积累的诊疗经验，做出有理有据的分析，以证实或推翻现场诊断的结果。对于始终难以获解的疾病，在思考的同时，还需要查阅各种资料，甚至进行各种试验，以期获得正确诊断。推理不是一个简单的过程，而是一项系统工程。推理不明朗，思考不中断，这也是从事兽医诊疗工作的魅力所在。推断的成功在于，每一个环节、细节都能得到合理的解释，无一丝牵强附会的痕迹。否则，推断必须推倒重来，直到能够合理解释每一个细节为止。我们教学动物医院定期举行的组会，就是为培养学生诊疗后推理思考的习惯，最终将这种习惯转化成诊断能力。诊疗后的推断有时间上的优越性，大可从容而为。有资料做铺垫、专家做后盾、团队做支撑，费解之处更容易解决，推断的准确性也会更高。所以说，诊疗后的推理是提高诊疗水平的最佳途径之一。

四、善于总结提炼推理过程

应用推断能力完成一个诊断，并不意味着推断的结束，相反它才是推断延伸的开始。任何一个复杂疾病的诊断推理，都要有详细的记录，并且经得起时间的考验。以清晰的文字记录的推断，既有利于从中提炼疾病推断理论，又有利于后人学习和应用，是一种最佳的传承方式。对相似推断反复梳理，对不同推断充分比较，才能更好地总结经验，提高技艺。

　　兽医的素质用三句话就可以概括，分别是精于理论、勤于实践和善于推断。其中，精于理论是基础，勤于实践是途径，善于推断是目的。三者是一个相互依存、逐次递进的关系。具备了这三项素质，就可能成为兽医诊疗界的王者。

第六章　兽医文学

　　精于理论、勤于实践和善于推断是兽医特有的素质，若将这些素质融入文学作品，就会产生极强的文学冲击力，公开出版的兽医文学作品相对较少，在我的知识范围内，主要有世界上最伟大的兽医吉米·哈利的万物系列兽医小说，共有五部。除此之外，还有特雷西·斯图尔特的《动物如友邻》，再就是本人于2017年出版的兽医散文集《灵魂的歌声》。本章主要介绍的文学作品是吉米·哈利的自传体小说和本人所著的兽医散文集。

第一节　概述

　　兽医文学目前仅是崭露头角的新鲜事物，今后必然随着兽医行业的发展蒸蒸日上。作为兽医教育工作者，有责任和义务推进兽医文学的发展，让更多的人了解兽医，认同兽医；让兽医自己认识自己，知道自己肩负的使命与应该承担的责任。热爱生命、珍视生命永远是文学取之不竭的素材，而兽医掌握着大量的此类素材，若不能付诸于笔端，实在有愧于这个多彩的世界。没有人来书写兽医，那么兽医就自己来书写，因为兽医是有文化的人，也有必要通过作品来证明自己的文化。兽医文学才刚刚点燃星星之火，但我坚信用不了几十年就会烧成燎原之势。

一、万物系列小说

　　吉米·哈利的万物系列小说共有五部，分别是《万物既伟大又渺小》《万物刹那又永恒》《万物既聪慧又奇妙》《万物有灵且美》和《万物生光辉》。写作方式均为自传体，每部作品都是由若干个诊疗故事构成，既独立成章，前后又有一定的联系。

　　《万物既伟大又渺小》是吉米·哈利出版的第一部自传体兽医小说。小说以《雪夜小牛的诞生》开篇，奠定了全书的基调——艰辛与幽默。兽医工作的艰辛是常人无法想象的，但从中孕育出的幽默却是常人能够体会的。一篇生动的开篇之后，进入了小说的正题：毕业后如何面试，老板法西格如何对他进行考验，第一次独立出诊如何艰险，西格与屈生兄弟俩如何斗智斗勇，诊疗中如何囧事连连，恋爱中如何狼狈等。书中所记述的故事正应了书中的句子："兽医一定有丰富的经历"。吉米·哈利虽然初出茅庐，但拥有扎实的兽医知识和技能，逐渐得到了当地农牧民的认可。其中，还被一名老妇人的小京巴认作叔叔。全书由64个小故事组成，个个精彩无限，让读者体会到与以往不一样的文学魅力。

　　《万物既聪慧又奇妙》将诊疗趣事穿插于行伍之间，用生动的笔墨证明了动物的灵性与生命的光辉永远是兽医行医的动力。乡间似乎依然平静，但世界却极不太平，因为第二次世界大战爆发了。吉米·哈利脱掉白大褂，应征入伍，当起了飞行员。他被后人称为世界上最伟大的兽医，但开飞机的本领却不敢恭维，因为他总是把教练吓得半死。当兵经历与诊疗故事穿插而写，让读者充分体会到驾驶飞机的惊险与诊疗疾病的趣味。书中描写了很多离奇的病例，如《夜夜交际的猫》《动物的小保姆》和《怀孕妄想症》等。

《万物刹那又永恒》单从书名来讲，应该这样理解：时光是短暂的，动物的生命是短暂的，但兽医表现出来的博爱精神却是永恒的。第二次世界大战结束后，吉米·哈利依旧戴起了听诊器、拿起了手术刀，继续从事自己心爱的兽医事业。这次的从医经历突破了国界，从英国约克郡延伸到了苏联和土耳其。即便是出国，依然离不开动物的趣事和诊疗的趣闻。雷先生的雷人，西格的暴躁，屈生的"狡猾"，在书中描写的淋漓尽致。当然，最让吉米·哈利高兴的是爱女的降生。时间在无情地流淌，但爱的痕迹却永远沉淀了下来。

《万物有灵且美》不惜笔墨，将动物的灵性与美丽充分地展示给作者。此外，健忘而搞笑的西格和懒惰却聪明的屈生依旧是小说中的亮点。乡村风景如画，动物古灵精怪，农民淳朴憨厚，让读者心生无限眷恋。喜欢追车的狗，喜欢养猫的人，种种趣事构建成兽医诊疗的大厦。万物有灵就是大美，在有灵且美的兽医世界里，一点小小的艰辛犹如尘埃一般微不足道。

《万物生光辉》以《农场惊魂记》开头，再次证明了兽医的艰辛与不易。故事中的马由强壮无比到突然倒下，由奄奄一息到迅速恢复；故事中的人从漫不经心到猝不及防，从深深的绝望到浅浅的微笑，可谓悲喜重重。除此之外，还塑造了一位超级兽医——助手卡隆。卡隆极具兽医天赋，极具亲和力，不仅能够搞定所有动物、所有疾病，还能俘获所有畜主的心。小说文笔细腻，将动物和人的真善美书写的感人至深。

二、兽医散文

兽医散文集《灵魂的歌声》共分为五章，分别是兽医师语、文言情结、感悟动物、诊疗漫谈和金庸情怀。

第一章，兽医师语。作为一名兽医，不仅要保障动物健康，同时还要关注畜主情绪。因此，没有静寂夜晚的思考、精彩人生的沉淀，很难胜任这份世人眼中别样的工作。作为一名教师，对动物的博爱须进一步浓缩，最终幻化为教书育人的情怀。兽医，常与无法言语的动物相处，虽不能学会兽语进行深入交流，却可以把患病动物的肢体语言凝练成文字表达出来。教师，常常与朝气蓬勃的学生相见，但深入的交流几近于无，因此精练为文发布于微信"朋友圈"，是师生互相参悟的最佳途径。兽医师语，可以看成兽医师的独白，也可以理解为兽医与教师双重角色的言论。写成文字朗读才体会深刻，书成文章默诵才思路流畅。文中的陋见，不论如何贫瘠，都是支撑一名兽医、一名教师不断前行的动力。笔是兽医的秘密武器，文章是教师整理思绪的平台，只要一息尚存，书写就不会停止。

第二章，文言情结。我一直有着很深的文言情结，在反复阅读了《聊斋》和《浮生六记》后，除被书中传神的描写所吸引外，也激发出了心底一直潜藏的渴望：用最简练的语言描述出我最热爱的生活——兽医。因此，每遇典型病例，我就用文言文夹叙夹议地描述一番。既练了笔，又加深了对病例的理解。事实证明，这是一种非常有效的学习方式。

第三章，感悟动物。兽医是与动物，尤其是患病动物打交道的职业。兽医需要的不仅是医德医术，更需要从动物的身上去感悟生活、感悟人生。动物是我们的患者，同时也是我们的导师，只有超越兽医学以外的独到认识，才能丰富兽医的思想，提升兽医的生活品质。曾拟定书写关于感悟动物的 50 篇短文，但写到 26 篇时，灵感顿失，不能为继。一年之后，思路的闸门再次打开，但写了 15 篇之后，已至江郎才尽的边缘，最终都未能足数。不同的动物有不同的特性，有时也许只是简单的一种生理现象，就可以直达我们的心灵深处，泛起层层涟漪。牛的反刍、驴的打滚儿、猪的享受、猫的慵懒，诸如此类，无不向我们敲响生活、生命的警钟，让我们乐观地去面对艰辛，轻松地来化解压力。动物的行为，是哲学的具体阐述，当我们参透动物的所有行为，我们就了解了整个宇宙。

第四章，诊疗漫谈。将兽医诊疗技术和动物疾病散文化，一直是我追求的目标之一。作为兽医，专业水平的应用，散文化的理解，是我的乐趣所在。作为教师，将专业通俗化、文学化，传播到更为广泛的领域，让更多人了解我所从事的职业，是我们的职责所在。为此，在当下及今后，我会不断地书写，将逐渐深入的理解删繁就简，简约成生动的文字。一直喜欢余秋雨老师的文化散文，但那是无法企及的高度。所以，只能延伸一下想法，转变一下思路，坚持撰写兽医散文，或许是一条前人未曾涉足的新路。文化水平有限，但推陈出新尝试的信念始终不变，直到成功。

第五章，金庸情怀。金庸先生的武侠小说是我最喜欢读的文学作品，时至今日，全套作品我已经读过不下 10 篇。我喜欢小说里的故事以及小说里故事蕴含的哲理。自从立志做"兽医领头羊，社会孺子牛"后，我常将武侠小说中故事引入课堂，用来激励学生学习兽医。我从事教学改革，也受金庸武侠小说影响颇多。如创办的兽医人才培养的"七怪"模式，就是受《射雕英雄传》中江南七怪培养郭靖的故事启发，实行教师团队培养学生团队的特殊导师制。塔里木大学地处边疆，符合郭靖生长的环境；学生性格淳朴，符合郭靖的特征；我们七位老师一合七怪之数，二均来自疆外，三专业方向不同。其中专业不同，就像七怪武功各有所长一样。再者，我们七位老师虽在学校有点名头，但放在全国也就江南七怪的水平。虽然不是名师教高徒，但却培养出了郭靖一代大侠的潜质。我们借"七怪"之名，用意也在此，那就是为兽医界培养诸多郭靖，让他们以后再接受更好的导师培养时，能够成为真正的兽医界郭靖。诸多的相似之处，让我们创立了兽医人才培养的"七怪"模式，这就是金庸情怀在兽医上的具体应用。

兽医文学作品原本有限，姑且简单介绍一下所了解的兽医小说和兽医散文，希望能给大家提供一些启示。

第二节　笔是兽医的秘密武器

兽医文学是兽医表达情感的一种方式，是传递博爱精神的一种形式。从这一节开始，将详细为大家介绍一下兽医小说和兽医散文的具体内容和特点，先从兽医小说开始。

在前面的章节中，我曾反复强调，兽医需要记录，兽医需要表达，兽医需要思考，笔就是兽医的秘密武器。有了兽医经历，再有了笔，就能描述出美丽的画卷。每个兽医都是潜在的作家，只要用好笔这个武器。也许有人问，笔能干什么？笔对其他人或许没用，但是对兽医却有很大的作用，因为病例需要记录、生活需要感悟、感情需要升华、压力需要释放，而这些方面，都离不开笔。

一、病例需要记录

兽医的成长有快有慢，原因是多方面的，但其中很重要的一个原因是有没有记录病例的习惯。经常记录病例，反复分析的人，医术一定进步的很快。从医数十年，只依靠记忆记录病例，通常不会有太大的成就。我们所阅读的经典专业著作中那些典型的病例、典型的数据、典型的照片，哪一个不是靠记录和搜集得来的？能出大部头著作的大学者，通常都是留心搜集病例，用心记录病例，反复分析病例的人。吉米·哈利一系列兽医小说中的诊疗故事，难道仅凭记忆就能写出来吗？他也要记录。再者，写小说本身就是一种记录，吉米·哈利本身就是将笔这种武器用到极致的人。他在小说中写道："你们如果决定将来做兽医，虽然永远不会成为大富翁，但你们的生活中会有无穷的趣味和各种不同的经验。"他提到的无穷的趣味和各种不同的经验，也要靠笔来记录。写作，实际上就是冷静地分析。任何文学作品都不是事发时写的，而是事后冷静下来重新组织的。从吉米·哈利刚才那段话中我体会到：诊疗过程中的成败得失、有趣的经历、偶然的顿悟，都需要我们用笔去详细记录，因为白纸黑字的存在，才是兽医真正的财富。

二、生活需要感悟

兽医的生活总是步履匆匆，一旦偷闲，就到大自然中放松一下，哪怕只是片刻。吉米·哈利在小说中写道："我发现要逃避现实是很容易的事。只要你跑到山顶的草原上晒太阳，听的是呼呼的风声，看的是有如翠带的山岚，然后你就会以为自己也是花草山峰中的一份子。"读到这段话时，我的感悟是：融入自然，就会忘掉忧烦。兽医是压力较大的工作，只有将自己看作是自然界的一份子，才会将压力吸收。兽医的感悟方式其实还有很多，如看着牛反刍、狗吐舌、公鸡走路、懒驴打滚儿，等等。动物的一切行为、一切生理活动都能给我们启示，都能让我们感动。关于动物的感悟将在兽医散文中详细论述。兽医工作是一种接地气、有生气的工作，总有意想不到的东西能带给我们无限的感动。而这种感动，就是感悟生活的源泉。

三、感情需要升华

社会上不能没有兽医，兽医不能没有家庭。兽医将全部精力都奉献给了兽医事业，那家庭怎么办呢？家庭通常需要另一半独立支撑着。吉米·哈利在小说中写道："幸而，自我结婚以后，这种寒冷出诊的苦差事已经在我记忆中淡出了，因为每当我像刚从北极回来似的爬回她身边时，她总是毫不畏惧地迎接我，用她的体温温暖我那冻得跟冰棒似的躯体，顿时，两个小时之内所发生的事似乎都像梦那么不真实了。"英国的天气是极其恶劣的，能够用体温接纳一个从冰天雪地里回来、从农牧民羊圈牛舍里回来的兽医，这也是需要勇气和奉献精神的。每一个成功男人的背后，都有一个默默支持他的女人。吉米·哈利拥有的"世界上最伟大兽医"称号，也有妻子海伦的一半。感情的升温有的用语言表达、有的用心体会、有的用文字记录，吉米·哈利显然选择了后者。

四、压力需要释放

前面的章节中讲过，幽默是释放压力的一种绝佳方式。除此之外，其实还有很多释放压力的方式，如静卧、呆坐、与动物对话等。吉米·哈利在小说中写道："我躺在青青的草原上，懒洋洋地半合着双眼，偷偷地打量着蔚蓝的苍穹。我觉得这是恣意浪费你的感触的最好时刻。你可以细致地领会和风扫过汗毛的感觉，也可以沉醉在一切化为乌有的虚无之中。这种自我享受的方式一直都是我生活的一部分。这时，我暂时步出了生命的洪流，像一艘偷偷靠岸游玩的小船，让自己与那滚滚的世俗之流完全脱离了关系。"独处，与大自然独处，也是释放压力的绝好方式。压力要自然释放，压力要在自然中释放。回归自然就是回归本性，人原本就是自然界中的一部分。回到自己温暖的家庭，还会有什么压力？

写小说的人，重要的是经历，其次就是不停挥洒的笔。笔是兽医的秘密武器，有了笔就能记录病例、就能感悟生活、就能升华感情、就能释放压力。买最贵的手机不如买一支最廉价的笔，有了笔，就有了记录的基础。原始的书写才能激发出人类原有的真善美。吉米·哈利把笔的功能发挥到了极致，不仅记录了病例，还记录了对生活的感悟，还记述了每一个感人至深的诊疗故事。

第三节　兽医小说的结构与特点

正如前文所述，笔是兽医的秘密武器。吉米·哈利本人就是一个十分会用笔的人，居然能将自己的兽医生活写成小说。那么，吉米·哈利的兽医小说究竟有着怎样的特点？我认为主要有以下几个特点：自传体小说、朴素性叙述、片段样呈现和暖心般金句。

一、自传体小说

自传体小说是传记体小说的一种，是从主人公自述生平经历和事迹角度写成的一种传记体小说。它是在作者亲身经历的真人真事的基础上，运用小说的艺术写法和表达技巧，经过虚构、想象、加工而成的一种文学作品。吉米·哈利一直热爱文学，也曾试着创作过其他题材的作品，但总是难以引起读者的共鸣，最后在妻子的建议下，将全部精力拿出来致力于自传体小说的写作，终于一炮而红。兽医丰富的经历就是最大的财富，这在吉米·哈利身上体现的淋漓尽致。只有立足自身，立足于自己喜欢的事业，才更容易获得成功。吉米·哈利的自传体小说，开创了兽医写兽医的文学典范，为世人了解兽医，体会"坚持、坚守、博学、博爱"的兽医精神创造了条件。吉米·哈利是一名乡村兽医，他描写的多是自然风光，淳朴民风。我们现在有很多兽医处在与吉米·哈利不同的环境，完全可以写出风格迥异的文学作品。都市的兽医是个什么样子？异宠医生有着怎样的心路历程？野生动物医生有着怎样的刺激和温馨？致力于传染病的兽医如何打赢疫病防控的攻坚战？很多很多的兽医题材，很多很多的兽医视角，都可以作为文学视角，关键是我们能不能利用好自己手中的武器——笔。

二、朴素性叙述

吉米·哈利的小说朴素中透露着幽默，艰辛中深藏着博爱，诊疗中体现着博学。吉米·哈利虽然被称为世界上最伟大的兽医，实际上就是一个平凡的人。他用一生坚守在德禄镇，一生守护着心爱的动物，所谓写作只不过是想表达一下兽医内心的感受，只不过是想释放一下心理上的压力，只不过是想歌颂一下可爱的动物，只不过是想还原一下淳朴的自然，只不过是想留住曾经的感动。人与动物，动物与自然，自然与人，能够互相衔接，毫无痕迹地融合，这就是吉米·哈利自传体小说的过人之处。叙事从不吝惜铺垫，结局从不缺乏平和。不管多么艰难、多么困苦，只要看到生命焕发出新的活力，吉米·哈利就有一种由衷的满足。从文学的角度来讲，小说中的"我"不是作者本人，但吉米·哈利的小说，我相信就是他本人。与其说是小说，不如说是传记。乡间是一方净土，乡村兽医能够始终保持净土孕育出来的纯洁，而兽医的纯洁才能铸就兽医文学的纯粹性。

三、片段样呈现

吉米·哈利的每部小说都是由若干个诊疗小故事组成的，每个故事具有独立性。如首部作品《万物既伟大又渺小》，第一个故事是《雪夜小牛的诞生》，这个在第二章中已经简单介绍过。小说给了一个艰难困苦的开篇，但留下了一个温馨感人的结尾。一头小牛的诞生，就足以化解兽医雪夜半裸数小时的艰辛。救治动物后的成就感，没做过兽医的人，永远体会不到。那种温馨与喜悦是兽医坚持下来的最大动力，尽管可能只是一瞬间的事情。吉米·哈利的小说既可以说是长篇小说，也可以当成是短篇小说集。因为故事既独立成章，又有一定的联系。《爬满常青藤的法宅》写的就是他大学毕业去应聘兽医助理时的情形，《牛蹄印——初诊的留念》写的是法西格考验他技能时出现的尴尬，《周薪四磅的工作》写的是他被正式录用时的喜悦，《爵爷的马》写的是他第一次独立出诊的悲壮。后面还有很多的章节内容，每一章节都是充满温馨爱意的独立故事，至少给人的感觉是这样的，尽管他自己辛苦万分。

四、暖心般金句

吉米·哈利小说中有很多感人的句子，也有与自然浑然一体的句子以及迸发出生命光环的句子。"春天的阳光是大自然最可贵的宝物之一，它不会烤伤你，却会让你连脚底都能感到温暖。"这是对春天阳光的描述，看着就能感觉到温暖。"看了不免让人动容，人与动物的感情或者人与人的感情，就在这明明不舍又要故作释然的矛盾之中吧。"这句话戳中了我们的泪点，实际上我们很多时候表现出来的释然，都不是内心的真实感受，多少有些强颜欢笑的意味。但生命的逝去又是无可奈何的事情，表现出故作黎然总比哭天喊地体面一些。"大自然与时光是绝缘的，它永远不会改变！"这就是吉米·哈利喜欢亲近大自然的原因。也许人群中有尔虞我诈，但大自然中没有，它是宁静的，可以让兽医紧绷的神经得到放松，可以让兽医所承受的压力瞬间释放。"这是我一生中最兴奋的时刻，因为我看着绝望变成希望，死亡变成生机。"兽医拼命救治动物的动机就是这句话，绝望变希望，希望变生机。

吉米·哈利的小说得到世人的肯定，不是因为兽医本身，而是因为兽医精神所铸就的人与动物和谐的场景。吉米·哈利的小说结构与特点也许还有很多，但在我看来，就是这四点：自传体小说、朴素性叙述、片段样呈现和暖心般金句。从吉米·哈利小说中始终能够感受到他是一名斗志昂扬的兽医，他哪来这么大动力？实际上就是病例，因为病例就是动力。

第四节 病例就是动力

第三节解析了吉米·哈利兽医小说的结构与特点，了解到吉米·哈利兽医小说是一种自传体小说，小说语言朴素、片段性呈现，而且有很多暖心的金句。能够支撑吉米·哈利坚持从事兽医工作的动力是治愈疾病的成就感，而这种成就感来源于病例。所以说病例就是动力，实际上后面还有一句，实力就是魅力。没有病例的兽医，从本质上讲已经不能称其为兽医了，从经济上讲已经失去了做兽医的物质基础。为什么说病例就是动力？因为治愈病例才是兽医存在的主要价值，治愈病例是兽医赖以生存的资本，治愈病例的成就感是兽医奋斗的原始动力。

一、病例就是动力

为动物看病是兽医的基本特征，不为动物治病或给动物治不好病，前者是假兽医，后者是真庸医，都不是真正的兽医。真正的兽医就是要解除动物的病痛，挽救动物的生命。曾经遇到这样一个病例，犬的外伤，伤口大而深，几乎贯通半张嘴。对这样的伤口进行缝合有些难度，要将纽扣缝合和结节缝合结合起来才能取得满意的效果。伤口看着也许有些恐怖，但拆线时的完好如初让兽医由衷地感到满足。缝合是一门技术，更是一门艺术。吉米·哈利是一名外科兽医，非常擅长缝合，缝合后的针距均匀、美观，就像一流裁缝做的针线活一样。兽医的缝合水平能达到这样，本身就是一种幸福。有了这种幸福，就有了永久的动力。

二、治愈病例是兽医存在的主要价值

小说中记述了各种各样的病例，多数治愈了，但也有很多无能为力。不管怎样，治愈病例是兽医追求的目标，也是兽医存在的主要价值。现在我们看一个治愈病例的例子："我试过各种角度，扭转那无力的腿，尽力不去想如果接不回怎么办。这时海伦仍拼死力抱着狗身，对于我们这样做摔跤似地扭来扭去，她心里是个什么想法呢？正在我这么胡思乱想的当儿，忽然听见脱臼肌肉'啪'的一声响，这真是最受人欢迎也倍感甜蜜的一响——脱臼已经接上了。"对这个病例，我要做几点说明。海伦是谁？就是他日后的妻子，那个用体温温暖他冰棒一样身体的妻子，默默支持他成为著名作家和伟大兽医的妻子，他们的相识相爱就是从治疗动物时开始的。关于这个"啪"声，外行看来就是一个象声词，内行看来却是兴奋与幸福的起点。曾经遇到一例与小说中描述的极其相似的病例，我与另外一名老师在毫无经验的情况下，成功复位，因为我也听到了那个令人兴奋的"啪"声。关于这个病例，我曾以文言文的形式记录了下来，现与大家分享一段："约十日前，该犬初至，犬攻而伤，右后肢悬而着地难，前行有碍。触之，全腿皆肿，髋关节处凸凸而起，与左相异。疑为关节脱臼，经与主商，麻之而整复。药才注，吐之，秽物盈盘，令人作呕。待其躺卧，伸拽使其复位，然婆娑半晌，无功而返。复力之，咔声作响，喜之。"我为什么在毫无经验的情况下复位成功？就是想到了吉米·哈利小说中的描述。可见，读兽医小说，也能提高医术。我提出兽医诊疗技术与兽医推理小说融合的观点，也正是基于兽医小说而来。

三、治愈病例是兽医赖以生存的资本

吉米·哈利毕业那会儿，恰巧赶上经济衰退，找工作十分困难。几经辗转，才接到一个兽医助理面试函，却接受了法西格一大堆艰难的考验，好在最终都顺利通过，这说明他的专业知识十分扎实，无论是理论还是实践。在应聘成功之后，他写道："法西格让我坐下，叫了两杯啤酒，一面跟我说：'这份工作是你的了，周薪四磅，管吃住。你觉得怎样？'来得这般突然，我一时说不出话来了。我被录用了！周薪四磅！我还记得在《纪录》期刊上可怜兮兮的职栏中写道：'外科兽医，丰富经验，愿以工作交换食宿。'"吉米·哈利原本认为，人家能管吃住就不错了，结果还有周薪4磅的收入，要知道他的那些同学很多都处于待业状态。高于期盼，源于实力，说明吉米·哈利很有竞争力。我曾经接诊了一只小萨摩，名叫圆圆，患有犬细小病毒病，呕吐、拉血，几乎丧命，畜主和我都险些失去救治的信心，但最终还是痊愈了。这是我治疗过的时间最长的一个犬细小病毒病病例。所以说，兽医不能轻言放弃。要知道病例就是动力，只要还有一口气在，它就是病例，就能为兽医提供动力。

四、治愈病例的成就感是兽医奋斗的原始动力

兽医无比艰辛，但陷入其中的却不能自拔，为什么？就是治愈病例的成就感在作怪。用吉米·哈利小说中的话说，就是成就感常常令我们飘飘欲仙，若此时飘来一朵云彩，我们就真的会飞了起来。在他费尽千辛万苦接生出一个小生命时，他写道："我笑了，这一幕是我所最爱的，这小小的奇迹！我觉得不管我看过多少次了，这一幕还是照旧感动我。"治愈病例是一种永久的感动，因为病例永远不会重样。成就感是兽医永久的动力，而挫折感是兽医前行的磨刀石。兽医救治的是生命，生命是兽医永远的感动。

病例永远是兽医的渴望，治愈病例永远是兽医的追求。每当病例来时，兽医的心是复杂的，既希望一针见效，药到病除，又希望见到从未曾见到过的病例，以增加阅历，满足日益膨胀的求知之心。说病例就是动力，不排除金钱因素，但更为重要的是治愈病例后的荣耀与快感，那是用金钱无法衡量的。无病例的兽医是寂寞的，无复杂病例的兽医是枯燥的。为了见到书本上或有或无的病例，兽医不惜整日守候在动物医院，不惜赔本治疗，不惜跋山涉水去寻找。有动力生命就有活力，有活力生命就精彩。有了足够的病例，还要有足够的实力，才能充分展示兽医的魅力。无实力的兽医只希望诊治毫无争议与挑战的病例，而有实力的兽医则希望随时能够挑战捉摸不透的病例。挑战成功固然可喜，挑战失败亦有所收获。魅力虽然由成功成就，但是同时也由失败堆积。成功也好，失败也罢，都是躬身实践的结果。兽医永远在实践的路上。

第五节　实践才是兽医

第四节介绍了病例就是动力，知道了治愈病例是兽医存在的主要价值，治愈病例是兽医赖以生存的资本，治愈病例的成就感是兽医奋斗的原始动力。本节将结合吉米·哈利的兽医小说，共同来探讨一下兽医的实践，主要包括四个方面内容，分别是理论是对光明的

遐想，实践是在黑暗中的摸索，躬身实践是成为兽医的基础和实践未动，理论先行。

一、理论是对光明的遐想

吉米·哈利首部兽医小说开篇写道："'书本里从来不提这些事儿。'当雪从敞开的过道吹进来落在我的裸背上的时候。"这个描述一下子就把作者带进了幽邃深远的境界。关于这个诊疗的艰辛，在兽医伟大的原因一节中已经简要介绍过。这里想用实例，证实一下书中首段的描述。我在牛场锻炼时，虽然还没有下雪，但已是深秋，天气还是很冷的。尽管是冷气扑面的天气，还是经常看到牛场兽医裸着背，光着手，在为奶牛做真胃变位整复手术。学了这么多年兽医，第一次见一把手术刀、一把止血钳、一根缝衣针就能完成这么大的一台手术。当然，按照科学规范的做法，不带手套、不穿手术服是不行的，而且术部的消毒也是不合格的。但实际操作和书本上的完全不一样，从来没有一本教科书上提过可以这样做手术，但实际上就这样做了，而且做成了。理论虽然是实践的指导，但总是衣着光鲜些。而实践要克服各种各样的困难，才能最终取得成功。真实的实践是，兽医诊疗的时间、地点和病患等要素无一是固定不变的，三者之间的组合更是千变万化，但兽医必须去面对，这就是兽医从事的实践。

二、实践是黑暗中的摸索

绝大多数疾病是看不见、摸不着的，只能依靠扎实的理论去推断，但这种推断又存在多种假设，到底哪一种假设是正确的，需要兽医在实践中摸索。吉米·哈利小说中的一段话，就是很好的例证。"我脸朝地躺在一堆不知是什么的脏东西中间，手臂伸到一头正使劲的母牛身体中，脚趾夹在石头缝中，腰以上全部赤裸，身上满是雪、泥和干了的血。除了那盏冒烟的油灯所照出来的一圈光以外，什么也看不见。"理论讲的是一般原理和一般原则，但实际中会遇到什么情况，谁也不知道。正像文中描述的那样，作者只能躺在脏东西中间，只能裸着背，只能靠那盏如萤火虫屁股一般的油灯照明。所以说，实践就是在黑暗中摸索。兽医的伟大之处就在于身处黑暗，心向光明。即便是摸索着，也要找到光明的出口。一个新生命诞生，为什么能让吉米·哈利产生强烈的成就感？就是因为生命诞生的不易。

三、躬身实践是成为兽医的基础

"蹄子硬得跟大理石一样，每一刀下去只割下一点点蹄屑下来。这马儿好像很感激有人抬起了它的痛脚，它干脆把全身的重量都靠到我的背上来，大约一整天没有这么舒服过了。"这是吉米·哈利前去应聘，西格对他进行考验时所治疗的病例。吉米·哈利必须弓着身，下蹲在临床上是被严格禁止的，因为那样有被马踩伤、踩死的危险。弯着腰、弓着身，是为及时撤退做准备的。马蹄硬的像石头，马的重量像山，但吉米·哈利必须去承受，因为这是对他的考验。正所谓，不背负沉重，怎能背负兽医的使命。曾经遇到一个病例，一只小狗，腿上有一个伤口，伤口倒不大，但形状特殊，是个圆形。之前教科书中教的都是线形伤口，突然间冒出一个圆形伤口，有点不知所措。思索了良久，最后还是顺利地解决了。后来，在一本最新的外科著作中，看到了各种几何形伤口的缝合方法，赶紧用心学习了一番，生怕在实践中再遇到什么奇形怪状的伤口。

四、实践未动、理论先行

"水来了，我往手臂上涂了肥皂，轻轻地伸进肛门。我清清楚楚地摸到小肠已经给挤歪了，另外有一大块硬硬的，不该在那儿而在那儿。当我碰到硬块时，马儿战栗了，大声呻吟着。当我洗手时，我的心在狂跳，我怎么办呢？让我说什么呢？"吉米·哈利为什么心脏狂跳，因为他诊断出了不可能治愈的疾病。正所谓，行家一出手，就知有没有。吉米·哈利的这次直肠检查，给马判了死刑。他为什么能够通过一摸，就能确定病因？因为，他有着深厚的理论功底。实践与理论的对接，是诊断的基础。曾经遇到一个病例，整张狗皮都险些被撕裂，我与同事一起缝合了 30 多针，才遮挡住裸露的肌肉。但是，因为理论水平不足，缝合时只考虑了闭合创缘，未考虑皮瓣已经剥离的愈合问题，最后有一小块皮肤因远离肌肉，供血不足而坏死。如果当时理论知识稍微丰富一些，我们就会采取走针缝合，那时的效果就会完全不同。由此可见，实践需要理论的指导。

实践才是兽医，离开了实践，兽医只能纸上谈兵。但实践也需要理论的指导，离开理论，兽医只能道听途说，而道听途说的小道消息是治不了疾病的。吉米·哈利的小说为我们的实践提供了很多参考，但他对生活的态度为我们提供了更多的参考。其中一种很重要的态度就是幽默，而且是一种艰辛创造出的幽默。

第六节 艰辛即是幽默

兽医的幽默是用艰辛创造出来的，为什么这样说呢？因为艰辛是兽医生活的主旋律，幽默是人生的润滑剂和自我幽默是合格兽医的标志。

一、艰辛是兽医生活的主旋律

像吉米·哈利这样的兽医，诊疗工作都是一个人在战斗，没有人帮忙，其艰辛程度可想而知。在治疗完一个病例后，他这样描述他的身体和感受："我把身上的血与泥尽量擦干净，不过大部分已经干了，用指甲都刮不下来，得回家洗个热水澡了。我一面穿衣服，一面觉得好像谁拿棍子打了我半天似的，全身都在痛，嘴巴好干，嘴唇都黏得张不开。"身上不但脏，而且痛；嘴巴不但干，而且黏，一副脱力的形象。但只要能挽救一条生命，兽医的这种苦痛就会瞬间减轻，因为兽医的苦楚唯有鲜活的生命可以化解。我曾经遇到一个病例，是我第一次确诊的肠套叠病例。当时我们花了几个小时的时间，为小狗做了肠切除和吻合术。做完已是深夜，我照顾了小狗一晚，中间不断起来探视。第二天上午狗还活着，我感到了希望。但当我上完课回来时，狗却死了。前文说过，兽医的苦楚唯有鲜活的生命可以化解，但动物死亡了怎么办？唯有将悲伤藏在心底，将压力负在肩上。因为，有向下的压力，才有向上的动力。

吉米·哈利小说中的描述："我把东西收拾好，一脚高一脚低地走出牛栏，外面还是漆黑，风刮着雪把我的眼睛都打痛了。我朝坡下去的时候，还听得见丁叔叔的声音：'布先生从来不给刚生产的母牛喝水，说是会冻了胃！'"工作会让兽医的身累，主人的冷嘲热讽会让兽医心累，身心疲惫是兽医的常态，但只要有新生命的出现，这些一切都无所谓。

因为，助产的艰辛，旁观者的嘲讽，都将随着新生命的诞生而逐渐远去。曾经遇到一个藏獒阴道脱出的病例，就病本身而言并不难处理，但麻醉是个难题。当时麻醉后，藏獒一直在睡觉，从下午睡到晚上，从晚上睡到早晨。主人在流泪，兽医在忙碌，但藏獒却很惬意，醒来翻个身继续睡。呼吸是平稳的，心跳是规律的，一切都是生命安全的征象，就是睡着不起身。藏獒睡着，让兽医坐着，一副守灵的模样。

二、幽默是兽医人生的润滑剂

关于幽默的问题，在前文"兽医孺子牛"中已经做了详尽的论述，这里只想引用吉米·哈利小说中的原句印证一下我的观点。"一个忧郁的高个子靠过来了：'可以喝点什么吗？'丁先生这么问。我自己都可以感觉到开心的笑容爬满了脸，眼前浮现出一杯热茶，里面还对着不少威士忌。'丁先生真是谢谢您，喝一杯可太妙了。这两个钟头够累的。''不是的，我是问母牛可不可以喝点什么？'"这些语句放到小品里，一定是很好的包袱，但在兽医诊疗中就有点伤感了。伤感是对兽医，而对读者来说，这就是幽默。误会即是幽默。曾经有三个年轻女人，大晚上用车拉着我去几十公里外的地方为她们的狗看病，这个故事若写成小说，一定是幽默、惊险、刺激的。

别人的快乐建立在兽医自己的痛苦之上，是兽医人生最大的幽默。我们再来看一段原文："我正在疏通牛乳头管的时候，说时迟，那时快，我突然坐在牛栏的另一头猛喘气，胸口清清楚楚地印着一个牛蹄印。这实在难为情，可是我毫无他法，只有像条上钩的鱼似地拼命张着嘴喘气。夏先生把手蒙住嘴，他的教养正在跟他想笑的冲动交战。'小伙子，真对不住，我该早告诉你的，这头牛最友善，他最爱跟人握手。'显然他很欣赏自己的幽默，刚说完就把头靠在牛背上笑得喘不过气来。"牛踢马踹对于兽医而言，就是生活的调剂。不以幽默的方式缓解尴尬，难道还能回敬牛马一脚？

三、自我幽默是兽医合格的标志

自我解嘲、自我幽默是兽医缓解压力最好的方法。因为，你从来不知道会在哪里失手，会在哪里"失蹄"。正如吉米·哈利小说中所说的那样："不过你永远不知道前面有什么在等着你。我们这行相当滑稽，给你无可比拟的机会让你做傻瓜。"有一次，我为博美犬治疗犬瘟热。博美犬已经出现神经症状，一条腿在抽搐。我本想用点抑制抽搐的药，帮它缓解症状，结果注射完之后，两条腿都开始抽了。当时的尴尬可想而知。

"病例都是难以预料的，所以我们这一生也是难以预知的，是一连串的小成功跟小失败加起来的。你得真心爱这一行才撑得下去。今天是姓孙的，明天又可能是别人。只有一样靠得住，就是你永远不会觉得单调无聊。来，再喝一点。"这是西格对吉米·哈利说的话。一个老专家做示范手术，手术还没开始，马就因为麻醉而死到了手术台上。有一个兽医为马灌药，直接将胃管插入了气管，结果不到一碗的药灌进去，马就死了。有实习生给牛瘤胃穿刺，为了向畜主显摆，用火柴点燃了瘤胃内喷出的气体，结果连旁边的草料棚都烧着了。兽医诊疗过程中的意外太多，时刻都可能做出傻事，不是真心喜欢这一行，真的撑不下去。但如果真心喜欢这一行，就可以拿出这些诊疗中的黑色幽默，娱乐别人，也娱乐自己，而这是兽医撑得下去的重要法门。

兽医是艰辛的，但艰辛中饱含了幽默。没有这些幽默的点缀，兽医很难撑得住艰辛。

吉米·哈利的兽医小说就为大家介绍到这里，感兴趣的，可找来原著读一读，相信不会让你失望。

第七节　兽医师语(上)

兽医师语可以看成是兽医师的语录，也可以看成兽医和教师的双重语录，还可以看成兽医专业教师的语录，实际上这三者兼而有之。无论哪一种，都以兽医为中心。本节将主要阐述以下观点：伤心到忠心的转变、对生活的感悟、思路与出路、在动物疾病的海洋中呐喊、专业与爱好的关系。

一、伤心到忠心的转变

被兽医专业选择后，我有些伤感；但自从我认准兽医专业后，每天充满自豪。心境的渐变在于对兽医认识的不断深化，因此我写下了以下文字："曾因兽医伤自尊，今为兽医付终身。兽医的名声一直与卑贱等同，尤其在农村。想当初，寒窗苦读十余载，最后竟被兽医专业所录取，内心难免产生隐痛。然而，自从踏入大学校门后，逐渐接受并喜欢上了这个专业。虽不救人，但毕竟属于治病的专业，奉献精神和技术含量均是高不可攀的。七年的兽医专业学习，十四年的教书育人工作，对兽医的理解不再那么肤浅与幼稚，反而将兽医及兽医教育当成我一生为之追求的崇高理想。工作之翌年，我便确立了'复孔门问答，做当代名师(教师)；勤生产实践，为今世名医(兽医)'的宏图大愿。曾经的隐痛化作今日的动力，曾经的卑微升格为今日的骄傲。"今日为什么骄傲？多数来源于治愈病例的成就感。曾经有一只幼龄德国牧羊犬，到动物医院的时候，奄奄一息，吐着鲜血、拉着鲜血，躺在诊疗桌上 24 小时没有动弹，但最终通过我们的治疗，恢复了健康。这就是成就感，这种成就感值得我们兽医为之付出一生。

二、对生活的感悟

随着阅历的增加，对机会有了重新的认识，来时当仁不让，去时谦卑礼送。与此同时，对聚散也有了新的认识，一切以谈得来为基础，既不阿谀逢迎，也不强压热情，因此有了"有机会不拒，没机会不惧；谈得来不拘，谈不来不聚"的人生感悟。下面我们来看一下原文："有机会不拒，没机会不惧；谈得来不拘，谈不来不聚。一味地退让是虚伪的表现。当机会来临时，保持一定的谦恭十分必要，但退无可退时，必须当仁不让。反过来，没有机会也不是什么恐惧的事情，静待时机是最佳的选择。机会是为有准备的人而准备的，准备好了何必拒，未准备好又何须惧？正所谓得之何喜，失之何悲。准备充分了，随时都可能有机会；未准备充分，机会来了又能如何？交友就是为谈得来，只要谈得来又何必在乎所交的朋友属于哪三教、哪九流？说话投机不是一方奉承，一方享受，而是建立在共同价值观上的推心置腹。上至帝王将相，下至贩夫走卒，谈得来是交友的金标准。无论多么丰盛的酒菜，无论多么高档的聚会，只要有一人不合群，顿时兴致全无。聚会本为高兴，本为放松，一群没有共同语言的人硬聚到一起，徒增烦恼。"志同而道合，聚会才是盛宴；貌合而神离，聚会如同蹲狱。塔里木大学教学动物医院所聚的一群人，不论是老师，还是学生，都是相互谈得来的人，有机会我们就去争取，没机会我们就学习，仅此而已。

三、思路与出路

无论学习还是工作，思路可能是第一位的。有了思路，再辅以强大的执行力，成功只是早晚的事情。成功或通往成功的路上，就是通常所说的出路。基于对思路与出路的思考，我在《灵魂的歌声》中写下了下面这段话："可数年无出路，不可一日无思路。出路这东西，有时须占满天时、地利、人和，方能实现。而思路则不同，懂得借鉴，学会品味，知道总结，就能偶得一二。思路，是天马行空、任意为之的东西，只要有大脑存在，就有思路出现。出路则不然，只有当思路切合实际时，才可能出现。我们常常担心我们的出路，却很少在思路上下功夫，可以说缺乏思路的出路只是妄想。理清思路，认清现实，出路之门自会豁然而开。当出路之门久久不开时，只能说明思路的经纬还没有部署完全。读一本书，记录一条思路；听一次讲座，积累一条思路；经历一件事，感悟一条思路；与人闲谈，迸发一条思路；闭目凝思，梳理一条思路。思路是随着生命的奔流不断涌现出来的，只要搜而集之，集而广之，出路即在眼前。"这一段话，就是要告诉我们思考深入，出路才广。作为活生生的兽医，脑中弥漫的都应该是思路，而不是对钱财的欲望。

四、在动物疾病的海洋中呐喊

做兽医时间越长，越觉得自己是大海中的孤舟，虽然弄潮的本领与日俱增，但内心的敬畏也日益凸显。因此，我写下了下面一段话："在疾病的海洋中，兽医永远是一叶起伏的小舟。专业书籍在案头和书柜内堆积如山，每翻一册则感叹一回，深感专业知识之匮乏。许多病名，闻所未闻；许多技术，难以索解。兽医的工作对象在不断变化，常感自己的专业知识捉襟见肘。天鹅、羊驼、狼、乌龟、金鱼和蛇等，上学时和工作中未曾接触过的动物接踵而来，让人瞠目结舌之余倍感沮丧。疾病真如海洋，兽医充其量是一叶小舟，随时有被疾病风浪吞没的危险。然而，我等兽医早已驾船出海，即便前面有更大的风浪也得迎接过去，像海燕那样高声呐喊：'让暴风雨来得更猛烈些吧！'"敬畏只是为了认清自己，而不是消磨勇气。知道了动物疾病的风高浪急，才能从根本上防微杜渐，在兽医的道路上越走越远。

五、专业与爱好的关系

真正的兽医，一定是技术上的高手，道德上的贤人，但这些并不排斥业余爱好的广泛。专业和爱好应该是一种什么样的关系？这是我一直思考的问题，终于有一天我想通了，于是写下了下面的文字："业余丰富，有幸参与；专业艰辛，无暇旁顾。生命的精彩点缀全体现在业余生活上。对于大多数人而言，专业只可立足一点，但业余生活却可以千姿百态，尽显个人情怀。下棋、钓鱼、读书、写作、打球、跑步、骑行、唱歌均可作为业余生活的主要内容。杜绝玩物丧志的业余沉沦，兴趣爱好大可广泛一些，精深一些。平铺直叙的生活难免单调、乏味，多一些业余爱好就多一些滋润与慰藉。兽医专业充满挑战，充满艰辛，天天充电学习恐怕都赶不上其发展的步伐。新病层出不穷，老病日益复杂，若缺乏凌云之志、坚强之心，势必在动物诊疗的征途上逐渐迷失。唯有心无旁骛，刻苦钻研，才是实现兽医理想的不二法门。"在业余生活中，我所提倡的读书、写作、跑步就是业余丰富的具体应用；在专业诊疗中，我所坚持提出的"坚持、坚守、博学、博爱"就是专业艰辛的具体写照。

兽医不一定能成为思想巨人，但一定要成为有思想的人。即使成不了一个有思想的人，也起码要成为一个乐于思考的人。以上是我对兽医思考的结果，现分享给大家，期望能够对大家有所帮助。

第八节　兽医师语(下)

第七节介绍了兽医师语部分内容，这些内容都是我多年对专业、对教育、对做人的思考。本节将继续介绍兽医师语的一些内容，主要有以下五个方面，分别是践行胡杨精神、消除自满情绪、平和处事心态、树立伟大理想和深化育人理念。

一、践行胡杨精神

塔里木大学所倡导的胡杨精神，以其"艰苦奋斗、扎根边疆、自强不息、甘于奉献"的实质传遍大江南北，成为各高校争相学习的又一种精神。作为塔里木大学的一名普通教师，时刻要践行胡杨精神，让屯垦戍边的优秀传统再一次焕发出新的生机。基于此，我写下了下面一段话："自强不息，身如胡杨守古道；求真务实，心似塔水润思路，这是一副嵌入校训的对联。塔里木大学校训'自强不息，求真务实'是在特殊的历史时期提出来的，有着丰富的内涵，而我的理解就是上面一联。如胡杨般坚韧，数千年守候着西域古道；像河水一般甘凉，绵延几千里滋润着丝绸之路，这或许就是塔里木大学及其师生员工的精神所在。胡杨的古意不在于茂盛，在于沧桑；塔水的奉献不在于汹涌，在于清凉。我们的身形类若胡杨，虽然佝偻，但能够坚守；我们的内心仿佛塔水，虽然有限，但能够长流。门前有塔河，四周有沙漠，不求花枝招展，但求独立千年。"在从事兽医及兽医教学过程中，我们充分践行了胡杨精神，并在胡杨精神的基础上提出了"坚持、坚守、博学、博爱"的兽医精神。胡杨精神与兽医精神都讲扎根，都谈奉献，是一脉相承的精神体系。

二、消除自满情绪

都说人最大的敌人就是自己，兽医是人，因此也不能例外。想在专业上有所建树，想在精神上有所升华，摒弃自满情绪，捧起敬畏之心，弯下谦恭之身绝对是必要的。基于此，我写下了下面这段话："自高自大自满自夸，自掘坟墓；自骄自傲自恃自诩，自毁长城。这幅对联是对兽医的警示。以自我为中心的膨胀不外乎两种结果，不是自毁长城，就是自掘坟墓。骄傲自大，目中无人，漫天吹嘘，会挤走身边每一个真心帮你的人。当你离亲叛众之刻，也就是自毁长城之时。自满之气溢于言表，自夸之言挂于嘴际，方圆百里无友人形成的真空，就是埋葬自己的坟墓。"兽医原本不是一个以自我为中心的职业，他关心的是动物，关注的是畜主，一切以博爱为基础。无论今后医术有多高，名声有多旺，追求的目标依然不能变，秉持的初心依然不能变。什么是兽医的初心？就是努力追求"同一个世界，同一个健康"的世界梦想。

三、平和处事心态

兽医是与生命打交道的职业，急功近利是最要不得的，否则黄泉路上会增加许多冤屈的灵魂。兽医是一个越老越吃香的职业，成器越晚，名声越隆。学兽医的人，首先得像胡杨，将根深深地扎下，然后再求高高地伸展。基于此我写下了下面这段话："潜心悟道，勤奋实践，嘲笑何足惧？执着耕耘，淡泊名利，大器终晚成！这幅对联是指导我为人处世的。外界的繁华与纷扰常使人不能安静，随后产生强烈的追名逐利的念头。因此，多独处，多静思，多读圣贤作品，才能伏得住心魔。科技在进步，心灵鸡汤的书在出版，无论怎样先进与畅销，不过是对先贤思想的具体应用。对中国而言，2000 多年前，思想已经达到顶峰，几乎不可逾越。所谓的创新不过是翻新。欲求心理安宁，欲求事业有成，读圣贤书，行圣人言，足矣。有了思想，获得了思路之后，勤奋实践是通往理想的唯一途径。不怕思想前卫，不惧行为幼稚，不理世人嘲笑，朝着自己认准的道路前进就是大道。若多数人理解你的思路，认可你的目标，那已经不是先进的思想了。生活中不求标新立异，但一定要与众不同。独特的生命，独特的价值，才能造就独特的自己。注重耕耘，也求收获。没有执着的信念，任何高大上的理想都是异想天开。耕耘执着，收获亦丰，追求的副产品会不期而至，而且可能更具诱惑力。这就需要时刻保持淡泊名利的心态：作为补给的名利可取，影响正道的名利须弃。要有十年磨一剑的耐性，十年面壁的韧性，要坚信大器晚成的不变真理。孔子教育家的名号何时成就？老子的《道德经》何时写成？姜子牙的功勋何时铸就？黄忠的威名何时远播？没有耕耘时的寂寞，何来器成之后的声名？"拿破仑·希尔曾经有句名言："成功是一种心态。"兽医的成功就需要一种平和的心态。

四、树立伟大志向

立志做兽医，本身就是一个伟大的志向，但是过于笼统，需要再进一步地细化。做什么样的兽医？做什么动物的兽医？做哪一科的兽医？越明确，越有奋斗的动力。树立了伟大志向后，就要心无旁骛，努力去实现自己的志向。基于此，我写下了下面这段话："志如高山，分毫难移；心似止水，宠辱不惊。这幅对联是告诉我们要树立伟大理想，坚守伟大信念。志向一立，当如高山，坚如磐石，岿然不动。心境一平，当如止水，清明如镜，波澜不惊。志向远大与否，无关紧要，重要的是为实现志向能够付出多大的努力。志向不动，努力不止，志向永远是追求的丰碑。追求志向的过程中，保持内心不起较大的波澜，是保证成功的重要条件。心似止水，不是死水，内心的深处常常暗潮涌动，因此需要在大风大浪面前，在大是大非面前依然能够把持得住。心无旁骛，志不偏移，任何切实可行的目标都能实现。"志向始终是人生的指路明灯，会照亮一个人的前程。

五、深化育人理念

作为动物医学专业教师，首要目标是培养合格的兽医师。合格兽医师的标准不仅仅是找到一份像样的工作，更重要的是要达到兽医的做人境界——"维护动物繁衍，保护人类发展"。要想让学生有高尚的道德情操，教师自身首先得继承好先贤的品格。孔子的奉献精神，老子的宽广胸怀，都是我们需要继承和发扬的优良传统。基于此我写下了下面这段话："尊孔重教，誓做春蚕吐丝尽；敬老悟道，愿化大鹏冲天飞。这副对联，谈的是教师的境界和做人的境界。一直想从《论语》中领悟点孔子的教育之道，可是没能仔细研读，所得非常浅薄。对孔子的尊敬，就是对教育的尊重，投身教育不能说是天底下最光辉的职业，起码也是值得骄傲的事业。古人常把老师比作春蚕，丝尽而亡，一辈子都在奉献。当下的老师，在世人的眼中也许不再那么高尚，但我们作为师者的使命却不能有丝毫懈怠。选择了这个职业，就要对教育先贤心怀敬仰；从事了这个职业，就要践行教师一贯的奉献精神。作为教师，只有孔子般的教育理想是远远不够的，还需要有老子般的无为精神。当今不比过去，是一个急功近利的年代，缺乏无为的精神与定力，很容易沾染社会不良风气，从而有失教育者的尊严。敬重老子的为人，参悟老子提出的道，蛰伏待时，希望自己有朝一日能像大鹏一样，一飞冲天，一鸣惊人。儒道双修，经史互参，在教育这个职业里感染点古人之风，做点今人之事。"传递专业知识实际上只是教育的初级阶段，让学生获得精神上的洗礼、思想上的感悟才是真正的教育目的所在。

　　理想所至，一切都是资源。就拿喜欢诗词和对联来说，完全可以用在阐述兽医思想上、阐述兽医教育上和总结专业知识要点上。本节的体会，都以对联的形式出现，主要想阐明以下问题：践行胡杨精神、消除自满情绪、平和处事心态、树立伟大理想和深化育人理念。

第九节　文言情结（上）

　　兽医师语是一种语录体散文，主要记录的是对兽医的感悟。本节将介绍另外一种表达形式——文言文。文言文简练、传神，能够很好地反映动物诊疗的过程及兽医当时的心境。《灵魂的歌声》中的文言情结，主要是对兽医病例的记录。文言记录，既是一种文字上的练笔，也是一种思想上的梳理，还是一种病例资料的记录。这种形式，今后要继续应用和推广，让文言表达和病例记录成为兽医的一种习惯。第九节主要记述一些兽医诊疗过程中偶得的感悟，而第十节介绍的主要是病例的具体诊疗过程。本节主要介绍五个文言文写就的感悟，分别是反省、病鼠、流浪犬、驱虫和免疫。

一、反省

　　《反省》是我接诊乌龟之后的感慨。在教学动物医院闲坐了一天，也没接到一个病例，正当下午要收拾东西关门时，来了一个病例，我顿时高兴了起来，正像前文所说的那样"病例就是动力"。但再一仔细看，动力瞬时像泄了气的皮球，因为前来就诊的是一只乌龟，而我对乌龟除了知道它活得时间长外，几乎一无所知，因此写下了这一篇《反省》："枯坐一日，未见病例。日近黄昏，来人，以为'上帝'，窃喜。然未见犬猫，只见一盆，端于手中，甚疑。近而视之，一龟伏于盆底，顿时愕然。龟张口伸颈。据述，得之肺炎，治之不愈，请求诊疗。然吾于龟之构造一无所知，诊疗之法更是闻所未闻，束手无策。呜呼！兽医之博大，上诊飞禽，下治走兽，中顾爬行。吾等之孤陋，着实汗颜。动物诊疗之大厦，仅窥一石基，何以整日沾沾自喜？"这就是当时的心情，当时的感慨，对兽医的博大精深又有了新的认识，同时对自己的无知也有了新的认识。

二、病鼠

《病鼠》是我对办公室偶然发生的一幕的描述。早上去教学动物医院上班，打开抽屉，一只老鼠跑了出来，我左打右追，还是跑到了柜子底下，再也看不见了。查找抽屉，钱钞无恙，而药成粉末，难道是老鼠病了吗？于是我写下这篇《病鼠》："办公室抽屉，粉末覆盖，纸屑铺底，惊，置之未理。俄顷，见一物窜于地，龟缩墙角。心为之一颤，何物？鼠耶？速起，执帚而往，如临大敌。见一物形如卵，状似毛，长尾拖拽，移动迅捷。投帚，未中，复投之，亦未中。再行驱赶，已至柜下。心有余悸，然低不能窥，遂罢。归坐桌前，审视屉内，药物为粉，纸张为沫。急翻钱夹，所幸无恙，心乃安。鼠入屉而币存，非为盗也，而药成齑粉，食耶？视钱财如粪土，食药材为何故？病耶？久思未得其解，只增一笑。"兽医的生活总是丰富多彩的，就连老鼠都来凑趣。吉米·哈利写过跳蚤，我写过老鼠，实际上，一切动物都可以成为我们笔下精灵。

三、流浪犬

流浪犬是很多居民最无奈的动物，任意狂吠，随意追人，还有可能传染疾病。实际上，流浪犬就是很多居民丢弃的曾经的爱犬。丢弃的原因很多，如爱犬生病、宠主搬家或没有再饲喂的耐性等。三年前，我们教学动物医院门口有很多流浪犬，由于学生经常饲喂，聚而不散，我电动车一起动，就呼啦啦跟一群。流浪犬多为土狗，在智商上差点，但在忠诚度上一点也不差。为感怀流浪犬，我特写下此篇《流浪犬》："食不定时，居无定所，然膘厚毛长，几与病绝。或独来独往，形神戒备；或成群结队，摇头摆尾。遇形秽者逐而吠，遇衣洁者敬而远。偶有喂食者，则熟记于心，每遇则摇尾乞怜，然绝不少近，戒备之心长存。冬，日光充裕之时，蜷缩如狐，寐如死；寒冷之际，挤卧一隅，互赠暖气；月光之下，逐之而戏，若童心未泯之顽童，殊不知饥寒之苦。择弃物而食，遇清水则饮，避寒暑而居，抗疾病而生。关爱如阙，本性不移。一旦以人为主，矢志不移，主进追随，主留则少待。呜呼！狗虽流浪志不移，犬虽无家趣不改，人陷贫贱将奈何？"还是前面章节说过的那句话，我们有不养狗的自由，但绝没有养了又丢弃的理由。但实际情况是，这种丢弃行为经常发生，令人扼腕。

四、驱虫

驱虫是狗的日常保健程序，但很多人打死都不相信，因为驱虫药吃下去，并没有看见一条虫子出来。驱虫这东西，通常驱的是虫卵，抑制的是虫体的发育，不是我们肉眼所能看见的，一旦有成虫出现，说明已经很严重了。曾经遇到一个病例，狗已经吐出两条虫子，主人还不承认自己家的狗有虫，因此写下此篇《吐虫》："不每每说主驱虫，皆不以为然。反以干净卫生为由，微嗤之。殊不知，虫之感染始于娘胎，二十余日，便有虫成。虫成慢而害常不自显，故主多以兽医危言耸听耳。然一旦有疾，虫常起推波助澜之作用，其时悔之晚矣。腹泻辅以虫害，愈之益难。余曾亲见数例，犬腹缩颈伸，嗷嗷然秽物脱口而出，或白或黄，或未化之食物。秽物之中，蜷缩一物，状似瓶盖，甚异之。呕吐盖因异物所致？注目视之，微动，心内毛生。以细棒轻挑，头昂如蛇，身蠕似虫。细审之，全身细如圆粉，两头稍尖，蛔虫耶。虽为兽医十余年，然每见虫蠕，头皮仍麻。小儿出世，照顾之周全无以复加，尚需驱虫。犬纵洁净，能胜小儿乎？况犬之本性使然，东嗅西闻，南舔北咬，以为乐事，虫之感染能免乎？虫生于体，一夺营养，二产毒素，三行阻塞，四扰免疫，五常趁病之隙落井下石。虫之不驱，盖因驱后无所见，以为妄。然究其根本，随粪而出者，卵也。卵微不可复见，于镜下方显真面目。用药弥贵而效不显见，是主拒驱虫之真因。虫之不驱，吐虫、拉虫之日不远矣。"虫子最擅长的本领是潜伏，而定时驱虫能让寄生虫无处藏身。其实，有无虫子排出体外并不重要，重要的是狗体内真的没有了虫子。

五、免疫

除了驱虫之外，免疫也是犬的常规保健之一。注射疫苗后，犬的免疫力大大提高，对常见的烈性传染病有了抵抗能力。然而，可能处于对免疫的不信任，对免疫费用的不认可，或被假疫苗吓成了惊弓之鸟，致使躲避或杜绝为犬免疫。基于上述原因，写下了此篇《免疫》："养犬之道，首在驱虫，次在免疫。然多数畜主，不谙此道：一不知免疫作用，二心疼钱钞。殊不知，一朝病发，性命难保。即便得救，精力、金钱、感情无一幸免，全部消耗。预防之首为犬瘟、细小，次之为传肝、副流，再次之为钩端螺旋体。有犬首免，三次为佳，个别犬只，四次方可。免疫虽非万全之策，但绝对是有效之道。除常发病外，狂犬免疫尤为重要。狂犬一发，虽大罗神仙亦无力救治。于犬而言，唯有一法，当场毙之。若伤及人畜，恐怖气氛弥漫，死亡之神渐临。狂犬虽少发，但发之必死，故单独免疫势在必行。养犬之事，纯属自愿，无人相强，然一旦养而弃之，则必致众怒，道德底线随之沦丧。犬，人之忠诚伙伴。犬不负人，人却负犬，人之道德反不若犬？现如今，养犬似养儿，养儿需免疫，养犬亦然。"畜主若读过此文，相信会对免疫有一个全新的认识。

文言文是简洁表达的一种形式，这种形式适合兽医。一可以记录病例，二可以锻炼表达，三可以整理思路，四可以寄托感情。兽医需要丰富的经历，也需要简洁的人生，而文言记述就是一种简洁人生的写照。

第十节　文言情结（下）

第九节介绍了几则文言写就的故事，目的是想说明，文言适合兽医的简洁生活。越简洁的东西，越是思路清晰的体现。兽医若常写这样的故事，也许会创作出一部兽医界的《聊斋》。无论什么文章，都是作者感情的寄托。本节继续介绍几则诊疗故事，一是希望能对日后的诊疗有所启发，二是希望读者能对兽医寄托的感情有所了解。无论怎样，文字都是交流的工具，读者与兽医虽没有你来我往的对话，但一样可以进行情感上的交流。不要忘了那句话：读书是一种刻意的交流。

一、耳肿

《耳肿》描述的是我们诊疗的第一个耳血肿病例。导致耳血肿的原因很多，如外力作用、自身甩头或后肢搔挠等，使耳内的毛细血管破裂，血液渗出，集聚而成肿胀。肿胀使耳朵变厚，注射器抽吸，可见大量的血液，但不久之后又会肿胀如故。为此，我们为该犬进行了手术，先切一长口，之后像纳鞋底一样，把耳朵穿透，以压迫可能出血的血管，过一段时间就能痊愈。本篇《耳肿》描述的就是当时的诊疗过程："一灰色巨贵，体型美，气质佳，有贵妇风范。来诊，一耳甚厚，中高缘钝，如面团隔夜而发。以手触之，抗拒；以针刺之，猝然见血。由是断之，耳血肿也。麻醉、剃毛、消毒、隔离，以耳内侧朝天，沿纵轴执刀以切，长与肿等。皮破血溢，以拇食指隔耳挤压，血流如注。顷刻血尽，以盐水冲其腔，以药棉除其凝。针自耳背进出，与切口平行，如纳鞋底。一针一结，结结于背。缝毕，盖因排液所需，切口开张如故。既醒，嘱以主人，十余日复来拆线，然月余未见。由是常想：耳之痊愈否？后，主人因事而来，询之。言线不剪自断，肿消伤愈多时矣。"这个病例的治疗，因之前没有丝毫经验，因此查阅了大量文献，最终成功治愈。由此可见，查阅文献资料是兽医必修的功课。

二、干尸

在教学动物医院还没有影像设备的时候，来了一条病犬。主诉：已过预产期两月，但毫无要生的动静，肚子也一直没见变小，而且最近喝水增多。根据病史，结合临床检查，断定为胎死腹中。本篇《干尸》就是记录的当时的诊疗情况："一犬，毛刚而白，大腹便便。采食、排便均正常；插肛门，测体温，亦无异常。问之病史，言春节前后为预产期，然动静全无。今节后月余，腹大如初，而分娩迹象未现。以手相触，腹内似有硬骨，然阴门未开，羊水未漏，故腹不少减，娩不能发也。胎儿虽在，想必全亡，唯有手术，方有指望。嘱以携归，禁食禁水，择期手术。翌日，携犬复来。麻醉、备皮、消毒、隔离，以仰卧之姿，行脐后腹中线切口。腹腔即开，子宫毕现，双角如羊，巨而满。两角牵出，以纱布与腹腔隔离，于子宫体切一长口，液爆而出，污绿而秽，不能直视。液尽，探一子宫角，挤出胎儿三枚，形体枯干，似干尸。以手触毛，尽落。复探对侧子宫角，出胎儿四枚，状与前同。胎儿虽出，子宫已腐，遂切。术后，抗菌消炎数日，乃愈。肚腹虽松，不似前状。主人喜不自胜，以言语相谢。夫宫颈已闭，细菌未入，是以一无炎症，二成干尸，故腹大虽难行，而垂死之症终未显。今以手术除其根，后半生之病痛未足虑也。"之所以篇名叫干尸，是因为胎儿水分被吸干，成为兽医学上所定义的木乃伊胎。

三、小熊

小熊是客户收养的一只流浪母狗，每至过年，都寄养在我们教育动物医院。但奇怪的是每到过年时，小熊必发情，因此招来一大堆公狗在动物医院门口守候。为了防止小熊被拐走，我们非常小心，但有一天还是因一个不注意，小熊和一只大狗私奔了。我们非常着急，因为小熊找不到了，没法向它的主人交代。正当我们万念俱灭、心灰意冷之时，它自己回来了，因此我写下此篇《小熊》："小熊，个矮体长，前肢罗圈，嘴短尾尖，耳大招风，蠢然而立。双眼下皱褶俨然，泪痕常在。每见人，则摇头摆尾，极尽讨好之能。小熊尝为流浪犬，主人见之生怜，怜之生爱，爱之遂养，终日不离左右。然主人家属外地，每至春节必回老家。留之无处，寄之无门，故来。小熊来之则安，日与群犬相戏，夜在笼中独宿。小熊性温喜吠，每闻动静，则狂吠不止，尤烦。放之户外，群犬毕集，相逐与交。每至年关，必然发情，盖与群犬不同，忧甚！若腹中带仔而归，何以向主人交代？于是每放门外，先逐公犬，以防不测。然一日疏忽，小熊夺门而出，与一公犬飞奔而去。公犬头棕身黑，体型数倍于小熊。口唤腿逐，充耳不闻，视若无睹，绝尘而去。继而开车相随，隐入林带，不复见。东张西望多时，始终不见，怏怏而归。上负主人之托，下愧月余之养，心情郁郁，如何对主人言讲？天色暗，黄昏至，闻门外唧唧有声，开门而视，小熊也！唤之而进，摇头摆尾如故。呜呼！爱犬不失由天幸，小熊复归天下奇。心情复杂，指犬笑骂：归之有情谊，奔之无节操。"我们虽口内骂骂咧咧，但内心里着实高兴，因为丢失畜主托付的狗，就丢失了畜主的信任，尽管这只狗并不名贵。

四、一丝不挂

有一只狗，来治皮肤病。狗浑身上下不着一毛，就如人的裸体。最搞笑的是畜主让我猜猜狗的品种，我仔细审视良久，始终不敢相认，怕在畜主面前降低我的形象。当畜主说出它是只萨摩耶时，我着实震惊了一番。因为萨摩耶被人们喜欢就是因为一身光滑柔顺的白毛，而绝不是它的智商。为了记录我当时的惊讶，特写下此篇《一丝不挂》："一犬来诊，形象怪异。视之，全身上下未着一丝。主人狡黠，笑问何种？余头摇似拨浪鼓。心中盘算，脑中推演，始终琢磨不透，莫非新种乎？几经猜测，终不敢言。主人道出两字，余忙以袖拭眼，如夜遇怪事，半信半疑。萨摩，以毛密、色白、质柔著称，而今观之，直如皇帝之新装，令人大跌眼镜。常言道：人靠衣衫马靠鞍。未曾想，脱了毛的狗居然不知其所以然。萨摩岁值青春，貌当少年，然一身盛装为病所摧，诚当可惜。主人左右无治，遂来一试。初诊而定，癣螨并存，需二病同治。治数周，病狗白毛长，萨摩形象现。众心始安。"疾病是美的敌人，常常将动物折腾的令人大跌眼镜。

以上是我对一些病例的记述及感悟，都以文言文的形式做了表达。也许用词尚不准确，也许表达还不够传神，但这是我内心最真切的感受。文言文也是兽医幽默的载体，而幽默是兽医对抗艰辛的一大法宝。若每天都能以文言文的形式记录一段，或许真能成为兽医界的《聊斋》，或者兽医界的《浮生六记》。文学的高度此生可能无法企及，但表达的欲望却可以一路追随。

第十一节　感悟动物（上）

兽医对工作、对生物的感悟无处不在、无时不有，有时哪怕是动物一种小小的生理活动或一种健康的行为，就能让兽医心有所感、心有所悟。动物是我们的患者，但也是我们的老师；我们为动物解除病患，动物为我们指明人生。本节将介绍一些对动物生理活动或行为的感悟，希望对大家了解动物、了解兽医有所帮助。

一、像牛一样反刍

一般的家畜，其组织器官与人相似。但牛羊等反刍动物，其胃的结构却与人存在着本质上的不同。什么叫反刍动物，就是拥有瘤胃、网胃、瓣胃和皱胃四个胃的动物，其中最为特殊的是瘤胃。瘤胃体积最大，是一个大的发酵罐，内部是厌氧环境，主要通过瘤胃微生物的作用消化食物。牛吃草狼吞虎咽，先吃到瘤胃里，然后在空闲的时间把瘤胃内的食物再返回到嘴里进行咀嚼，这个过程就叫作反刍。反刍是健康牛的一种生理活动，但兽医看到这种情况时，却把它类比为人类的反思，因此有了这篇《像牛一样反刍》："牛的最大特点就是反刍。闲来无事，将吞入瘤胃的食物经食管返回口中，不断咀嚼，别有一番滋味。吃时不挑食，食后在夜深人静，在独卧休息时，反复回味着青草的幽香，体会着干草的余味，不失为一种上佳的享受。"

牛反刍的从容，很有些哲学家的味道，对我内心产生了相当大的震动，于是我又写出了下面这段："人也应该像牛一样反刍，这个反刍不是指食物的逆呕，而是指对往事的回味。闲时，对往事像牛反刍一样回味一番，另有一番增益。生活的本质，不仅仅是衣食住行，在满足基本生存条件的基础上，更为重要的是思考。而像牛一样的反刍，就是一种彻底的思考。人之反刍，既可以是对往事的咀嚼，也可以是对未来的憧憬，也可以是对当下人生的最细体味。"

这样由牛的反刍，联想到人的反思。当下确实是一个繁忙的年代，一个又一个的人步履匆匆，很难有牛这份清闲与从容。作为兽医，是给动物治病的，但也羡慕动物的生活，于是我继续写道："像牛一样的反刍，没有急躁之意，只有体会之心，爱恨情仇都会在慢慢的咀嚼过程中变得平和。人人若都能时时反刍往事、反刍自己、反刍一切，那么世界将充满和平的气息。"全文到此结束，但反过来想想，生活确实是这样，如果每一个人都能设身处地的为别人想想，世界还哪来那么多争端？人不能反刍食物，但可以反刍往事。牛的反刍，就是一种思考的方式，这是牛反刍给我最大的启发。由此篇开始，我写出了一系列短文，后面还要给大家分享几篇。

二、像狗一样吐舌

天气一热，狗就会吐出舌头散热，这是狗的生理性行为，因为它的皮肤散热很差。但我看到狗吐舌，却联想到了人的吐舌，各种为了缓解尴尬的吐舌。吐舌也许不够庄重，但却是缓解压力的最好方法之一，值得人类学习。于是我写下了这篇《像狗一样吐舌》，现分享给大家："炎炎夏日，狗吐吐舌头就能消热解暑，实在是件了不起的事情。人若有此能力，则空调电扇的销量将大大减少，同时对节能环保也可以做出巨大贡献。其实，有时人不但会吐舌头，伴随而来的还有一个可爱的鬼脸。如此而为，对于解暑收效甚微，但对于缓解尴尬却有无上功效。"这一段由狗的吐舌现象，引出了人的吐舌功能，并做了比较，狗为散热，人为驱除尴尬。

接下来这段，进一步说明了人类吐舌的作用："面对师长的批评，正面严肃，一转身吐次舌头，扮次鬼脸，压力会得到瞬间的释放。面对尴尬，能吐舌头、扮鬼脸的人都是豁达之人；而咬牙切齿、骂骂咧咧者多为心胸狭隘之辈。"前面讲过，自我幽默是兽医缓解压力的自我方式。自我幽默靠的是语言，而吐舌头、扮鬼脸靠的是表情，二者形式不同，但本质并无二致。

最后一段，引用历史典故，强调了吐舌的重要作用："像狗一样的吐舌，是无奈之中的自我解嘲。古之张仪遍体鳞伤之际，因'吾舌尚存'而沾沾自喜。我们虽不能凭一舌之功而使六国连横，但扮份可爱，留份纯真，还是可以的。"至此，全文结束，再次点题，说明吐舌只是留一份纯真，扮一份可爱。动物的行为，我们完全可以升华到新的高度，这就是兽医文学的魅力。

三、像猪一样享受

写了狗，又来写猪。猪在人们的印象中是懒和脏的化身，其实这种认识是有偏差的，猪只不过是被人养懒了，至于脏根本就是误解。猪是知道定点排粪排尿的动物，就凭这一点就足以胜过牛羊。猪的享受就是生命中的惬意，而且它必须懂得享受，才不辜负短暂的一生。基于对猪享受的思考，我写下了这篇《像猪一样享受》："若知道自己的命运，还不好好享受一番，那就真是一头蠢猪了。除了满足口腹之欲外，一堆烂泥可能就是猪的最佳乐园，无论是从生理上还是心理上，都能得到最大的满足。猪的懒惰，猪的肮脏，猪的贪吃，猪的大腹便便的体态，历来是人们憎恶的对象。但只要明白它们都有不可替代的作用，你就会产生全新的认识。"

上一段提出了问题，点明了人们憎恶猪的原因，接着就懒惰与贪吃做了进一步说明，并提出了新的观点："先说懒惰和贪吃。多数猪的命运都是出生五六个月后难免挨刀。面对这样的命运，不懒惰、不贪吃，说明在认识上存在很大问题。知道命运所在，还能吃得开心、睡得坦然，这一点恐怕多数人类都做不到吧？懒惰是因为猪栏限制了猪们的发展空间，若到了宽广的草原、茂密的森林、清流的小溪，谁还会懒惰？无限的发展空间，会造就猪们勤劳和勇敢的性情。推而广之，设置重重围栏的单位，就如同猪圈，只能造就懒猪。"以上这段说明了猪懒惰的原因是人类给造成的，并将问题进行了升华：任何人、任何动物都需要广泛的自由，非要强设围栏，不是挣扎而死，就是堕落而亡。

最后，分析了猪脏与不脏的原因："说猪脏，这也是事实，但若是从事畜牧兽医的人员也这样说，就十分不地道了。猪虽脏，却知道定点排粪排尿，而鸡、羊之类都是随地大小便的。不是猪脏，而是猪所处的环境脏，在这样的环境依然能自得其乐的，也只有猪了。大腹便便是不挑食的最好证明，倒头就睡是心态良好的直接证据。有人说，人生最大的幸福就是'吃得下，睡得着'，而猪们天生就拥有这种幸福。不是猪没追求，而是猪在命运的框架内获得了最大的顿悟。像猪一样享受，是生命的乐观。"说到乐观，不得不提尼克·胡哲，他号称无手无脚的演讲家，走遍世界50多个国家，用自己的行动激励着成千上万的人。尼克·胡哲19岁时，他打电话给学校推销自己的演讲，在被拒绝52次后，获得了5分钟演讲机会和50美元薪水，从此开始了演讲生涯，用幽默的演说，激励了一代人积极面对挫折的勇气。猪，放到圈舍只能贪图享受；放在自然环境中就会有不一样的追求。人亦是如此。

动物的生理活动与行为是无意的，但我们的观察却是有心的。世界上，能给我们启迪的事物太多了，关键是我们有没有体会的心，有没有记录的笔。

第十二节　感悟动物（下）

由牛的反刍想到人的反思，由狗的吐舌引出人缓解尴尬的方法，由猪的享受延伸至人的乐观，由此可见，动物的生理活动或行为能为我们提供很多启示。本节将继续介绍三篇对动物感悟的短文，分别是像蛇一样前行，像骆驼一样远行和像红鲷鱼一样传承。

一、像蛇一样前行

蛇这种动物我是非常害怕的，但同时也是非常欣赏的。受诊疗乌龟时无助的刺激，我在网上购买了一本英文版的《爬行动物医学》，想挽回曾经的无知带来的尴尬。但书上有很多关于蛇的内容，又让我望而却步。蛇的行走是蜿蜒的，但目标却是向上的。在蛇年已尽，马年到来之际，我以蛇马为题，写了一副对联："去年如蛇蜿蜒尽，今岁似马奋蹄飞。"无论是蜿蜒前行，还是奋蹄飞奔，都是积极向上的态度。基于此，我写下了这篇《像蛇一样前行》："既然选择不了直线，那就选择曲线而蜿蜒前行，像蛇一样。属蛇的宿命使得梦中常与蛇们相遇，长的、短的、粗的、细的，滑腻的、粗糙的……应有尽有。梦中的感觉常常是害怕，但蛇曲折、蜿蜒、前行、向上的形象却始终印在我的脑海。蛇不是一味地盲目前行，有时也昂首四顾一番，既是对敌人的示威，也是对道路的探寻。此生既然不能快步奔走，匍匐前行也是一种积极的选择。曲折不嫌路远，匍匐不惧地凉，不断前行才是人生该有的姿态。"以上文字说明蛇的蜿蜒也是一种前行的方式。每个人都希望自己能快马加鞭地奔向自己的目标，但现实生活往往不能尽如人意，因此，选择不了奔驰，就只能选择蜿蜒。曲线前行也是一种行进，远胜于裹足不前的观望。

接下来将进一步阐述蛇行之道也是生存之道和制胜之道："既然属了蛇，既然不能直线行走，既然不能快步奔走，那就斗折蛇行，逐步蜿蜒进步吧。龟爬胜兔跑只是一个童话，而蛇蜿蜒前行、昂首捕食则是真实的生存制胜之道。像蛇一样前行，路途虽远而目标日近，身虽委曲而意志坚定。"关于曲折上升、蜿蜒制胜，2016年有一个活生生的例子。在里约奥运会上，中国女排的开局非常不理想，但最后硬是靠顽强的意志和出色的发挥挺入决赛，并一举夺得冠军。女排精神一直是激励国人前行的动力。在不能顺风顺水的情况下，就得像蛇一样，不丧失目标，不丧失斗志，蜿蜒前行，昂首捕食。

二、像骆驼一样远行

骆驼号称沙漠之舟，而塔里木大学号称沙漠学府。与沙漠的缘分，让我喜欢上了骆驼。骆驼在极其恶劣的环境中负重前行，彰显出了大无畏的精神。有感于驼峰的储备，有感于骆驼的远行，特写下了此篇《像骆驼一样远行》："因为驼背，才具备沙漠远足的能力。背部双峰，既是能量的储备库，又是水源的补给站。远行不惧烈日，负重不计报酬，唯有驼铃的清响，才能激发心底的共鸣。"这段描述从远行装备的角度解释了驼峰存在的意义，解释了驼背形象的意义。

接下来将骆驼的远行与胡杨的坚守做了比较，并将我们这些近十年引进的教师比作骆驼，将那些坚守二三十年的教师比作胡杨："黄沙漫天，苍凉依旧。马不能驰骋，牛不能慢行，唯有骆驼能踩着虚浮的沙土，踏出坚定的脚步。胡杨三千年不死的精神一直被人们称道。很多人、很多单位以胡杨自喻，以坚守为傲，却很少提到骆驼精神。如果说胡杨是沙漠卫士，那么骆驼就是沙漠的征服者。其实多数塔大人，并不是守卫绿洲的胡杨，而是创造穿越奇迹的骆驼。他们带着梦想、带着热情、带着近30年储备的知识和能力，为创造新的奇迹而来。"

胡杨的坚守是为了学校的存在，骆驼的远行是为了学校的发展，二者缺一不可，共同促进了塔里木大学的发展。因此，接下来这一段，解释了骆驼远行的重要性："对于新时代的塔大人来说，坚守的胡杨渐少，而远足的骆驼渐多。因此，在原有胡杨精神的基础上，需要提倡一种骆驼精神，骆驼的价值就在于不断远行，不断积蓄能量，又不断在传输知识与文化的征途中消耗积蓄的能量。仅留在沙漠的骆驼，只增一堆白骨，徒添一份悲凉，余者无益。而在绿洲与沙漠之间不断穿行的骆驼，却是万世不枯的生命源流。"

上一段解释了骆驼远行的意义，最后一段，再次强调骆驼远行对沙漠、对学校发展的意义。胡杨精神已让我们形成了"用胡杨精神育人，为兴疆固边服务"的办学特色，后面若再能增加骆驼精神，再创辉煌，指日可待。让我们回到文章的结尾段落："像骆驼一样地远行，像骆驼一样地南北穿梭，像骆驼一样地携能带水，才能保证这片沙漠开出绚烂之花。塔大人，有胡杨般的坚守精神，再添骆驼样的远行欲望，再创辉煌又有何不能?"至此，整篇文章结束，从驼峰谈到骆驼。从骆驼谈到远行，从远行谈到骆驼精神，从骆驼精神谈到学校发展，一路延伸，上升到做人做事的境界。

三、像红鲷鱼一样传承

常见的动物讲完了，我们来谈一个不常见的动物——红鲷鱼。红鲷鱼的神奇之处在于可有目的地变性，而性别的转变，只为避免树倒猢狲散。这是一种极其重要的功能，对我们人类而言是一种极其重要的启示。下面来看一下原文："红鲷鱼最令人羡慕之处不在于'一夫多妻'，而在于丈夫亡故后，其中一条强健的雌鱼能够快速变性，迅速转变角色，成为新的'丈夫'。家族生命及文化的传承多依赖兄弟、父子，像红鲷鱼这种依赖夫妻继承的方式并不多见。这种传承，其家族湮灭的可能性较小，具有更强大的生命力。回到人类，性别转变虽难，但责任转移却易。"通过上述文字，由红鲷鱼的变性担当，谈到了人类的责任转移。

团队梯队一直是最重要的团队考核指标，但很多团队看似兵强马壮，实则缺乏最重要的第二梯队，即带头人一旦退出，团队基本不复存在，因为很难再选出一个带头人。来看最后一段原文："当我们共同理想的领路人有所不测的时候，其他团队成员应迅速转变角色，有所担当，而不是树倒猢狲散。文化的传承不限制于有血缘关系的亲属，也不拘泥于有法律保护的夫妻，亦不固定于有学术关联的师生，应该广播于人类。志趣相投，博爱有加，就有传承的基础。红鲷鱼有低等动物的优势，而我们人类应该有高等生物的风范。"重视团队建设首先要重视团队带头人的培养，否则再大的团队都是散兵游勇，难以站稳脚跟，难以成就大业。

关于动物感悟的短文，还有30多篇，如《像鲨鱼一样游动》《像企鹅一样互助》《像海马一样负责》和《像黄鳝一样任性》等，有兴趣的可阅读原著《灵魂的歌声》。高等动物能给我们感悟，其实低等动物也可以，甚至微生物都能让我们感悟到不一样的人生。

第十三节　诊疗漫谈

除了感悟动物外，兽医更应该漫谈诊疗，让专业之外的人了解兽医，了解诊疗过程中那些晦涩难懂的词句。专业通俗化，疾病散文化，一直是我追求的目标，下面介绍三篇散文化后的诊疗问题。但在介绍动物疾病散文化之前，先来介绍一下兽医文学的"四化"。

一、兽医文学的"四化"

兽医文学是什么? 怎样创作兽医文学? 我认为做到以下四点，就可以称为兽医文学。这四点分别是动物疾病散文化、诊疗经历小说化、诊疗要点诗词化和人生感悟语录化。由于每句后面都有一个"化"字，我也把它称为兽医文学"四化"。掌握了"四化"，就可以在兽医文学中撒开手脚，创作出不同凡响的作品。兽医文学可以和科普结合起来，作为科普的一种形式。有科普著作就有科普作家，那么，什么是科普作家呢？就是致力于科学普及书籍与文章写作并有成就的人。科学是深奥烦琐的，只有通俗化、文学化后才能被普通人接受。兽医作家，可以看作是兽医学方面的科普作家，也可以看作是以兽医题材为主进行文学创作的作家。

二、兽医的首要武器

关于兽医的武器，我在"悬疑讲堂"开设了一系列讲座，如《兽医的武器之保定绳》《兽医的武器之输液器》《兽医的武器之输液泵》等。除此之外，我还想写一本《兽医的武器》，让普通人也能够了解我们兽医的生活和工作状态，但是迟迟未能动笔。我认为兽医的首要武器是体温计，为此，我写下了这篇文章，现分享给大家："无论有没有现代化的诊疗设备，体温计都是兽医当之无愧的第一武器。诊疗设备难求，体温计易得。善待、善用体温计是做好一名兽医的基础，否则一切都无从谈起。常见或常听说一些畜主和某些所谓的兽医给动物无来由地应用退烧药，其原因竟是感觉动物发烧了。触诊固然是检查动物皮温的一种基本方法，但那得建立在高烧的基础上，否则，哪有那么灵敏的手，可以准确感知动物体温的些许变化？没有体温计就敢开诊所，就敢给动物治病，这比没有执照更可怕。没有首要武器的兽医，如何能够面对复杂多变的疾病？简直不敢想象。通常所谓的退烧药，一来对体温正常的动物无效，二来存在着降低机体免疫力的副作用，应用时当慎重。再者，有烧即退就是治疗的金标准吗？显然不是。适当的体温升高，对疾病的治疗有益无害。体温升高，多数病原微生物的增殖会受到抑制；体温升高，抗体水平也会相应提高；体温升高，还能延缓肿瘤的生长。只要体温不是过高，大可置之不理，它是帮助我们治疗疾病的天然同盟军。但是，体温一旦过高，就必须尽快降温，因为持续高温会破坏大脑及其他细胞、组织。监测体温就是监视疾病，懂得体温变化对生命的意义，才算真正迈进了兽医的门槛。"读完这段文字，相信你已经知道了体温计的作用，已经知道了体温升高的意义。

三、氨基糖苷类抗生素中毒

很多畜主发现自家的宠物开始腹泻，就给喝庆大或注射庆大。庆大全称为庆大霉素，是氨基糖苷类抗生素的代表性药物之一。腹泻用庆大也算对症，但也有很多值得注意的问题，为此，我写下了这篇文章，现分享给大家一段："腹泻选用氨基糖苷类抗生素，这是很多畜主都知道的。然而，在实际应用过程中，这类药物虽能达到止泻的目的，但如果应用不当，却可能造成更大的损伤。您了解氨基糖苷类药物吗？您能正确使用氨基糖苷类药物吗？您知道氨基糖苷类药物能造成致命损伤吗？"连续发出三个疑问后，引起了读者的兴趣，然后详细解读了这三个问题。如果畜主通读了这篇文章，相信会做出理智的选择。可见，动物疾病及相关知识散文化有着重要的作用。

四、细小不细也不小

犬细小病毒病是幼犬最常发生的一种烈性传染病，死亡率很高。经常有畜主问："细小是个什么病?"我说病毒引起的，但很多畜主对病毒也是一脸茫然。为此，我写下了这篇关于犬细小病毒病的文章，希望能对广大宠物畜主有所帮助。现分享一部分给大家："一条鲜活的狗，在两三天之内憔悴而亡，罪魁祸首往往是细小病毒。病毒名曰细小，然而实际情况是，细小病毒不细亦不小。不细体现在传播范围广。无论是闲逛的野狗，还是龟缩在家的宠犬，其感染几率总是很大。一场雨淋、一线贼风、一次沐浴、一回旅行，都可能成为犬细小病毒病的诱发因素。不小体现在危害大。频繁地呕吐与腹泻，使体液大量流失，昨天尚是珠圆玉润，今天就可能骨瘦嶙峋。体液的流失，影响的不只是身材，更是电解质的平衡、酸碱的平衡，以及血液循环的平衡。此时，若不及时治疗，曾经伟岸的身躯很快就会成为皮包骨头的'侏儒'。单是腹泻也就罢了，稀薄如水的粪便中的血液也常常令畜主不寒而栗。鲜红色的、酱油色的、番茄汁样的、咖啡色的，凡是与血液颜色相似的颜色，这时都可能呈现出来。呕吐折腾胃，腹泻折腾肠，消化与吸收在胃肠的翻滚中几乎停滞。水米不能进，体液尽情泄，物质与能量的负增长，很快就会将狗体摧残，使狗的灵魂失去依赖的根基，从而魂飞魄散。细小病毒特别钟爱半岁以下的狗，对于半岁以上的'老狗'基本上没有太大的胃口，最多啃两下就弃如敝屣。所以，老狗因此丧命者几近为零。然而，幼犬则不同，感染易，死亡易，治疗却难。作为兽医，对动物的生老病死已极具免疫力，尽管如此，每每有狗命丧于动物医院时，仍久久不能释怀，深恨自己医术不精，愧对畜主愧对狗，愧对兽医这个伟大的称谓。"这篇文章有点长，只能给大家分享个开头。后面还有很长的篇幅在谈治疗原则，目的是让畜主了解疾病的治疗流程与护理要点。若每一个疾病都能对应一篇通俗的文章，相信这也是兽医服务的一大创新。开药方时随药方分享给畜主，双方都会轻松很多，因为这篇分享的文章就是双方沟通的基础。

诊疗原本是个复杂的事物，如果能沾染点文学气息，就会变得更容易理解。动物疾病诊疗有谈不完的话题，说不完的故事，是练笔的最好材料。

第十四节　金庸情怀

学兽医就如同武侠小说中的练功。练功的种种法门也适合学兽医，因此撰写了一篇《练功启示录》，以飨读者。

金庸武侠小说中的主人公，一般都是年纪轻轻，却武功超群，远胜于成名数十年的英豪，为什么？通过多年的阅读和体会，发现有几个共同点：得遇名师、需人引导、基础扎实、刻苦用功、适可而止和心胸宽广。于是，我想大概兽医的学习也是如此，诸多的努力加上不同寻常的际遇，才可能造就一名合格的兽医。

一、得遇名师

以郭靖为例，他是在多名名师的培养下才得以成才的。最初的江南七怪与哲别，虽未踏入一流武学的境界，但也算响当当的角色。后遇全真七子之首的马钰，习得玄门正宗内功，为后来武学的精进奠定了基础。再遇洪七公、老顽童，背会《九阴真经》，得到一灯大师的指点等，都为他的武学进步起到了决定性的作用。因此说，没有名师的指点，武功不可能得以精进。联系到兽医，亦是如此，整天在庸医中徘徊，在庸师中进出，如何能够成为一流兽医？

张无忌没有谢逊的指导不可能打下良好的基础，袁承志没有穆人清与木桑的指导武功不可能臻于一流境界，陈家洛没有袁士霄经年累月的传授不可能博采众长，杨过没有小龙女的指导不可能进入一流武学的殿堂，令狐冲没有风清扬的指点不可能达到无招胜有招的境界，胡斐没有家传刀谱及武术名家赵半山的指导不可能窥到上乘武学的奥秘。名师在一个人成才路上起着指点迷津、指点方向的作用。大学，不乏名师，关键是能否得到名师的青睐，能否得到名师的指点。得遇名师，就是遇到了一生的指路明灯。

二、需人引导

一个人资质再好，一位名师水平再高，中间若没有人牵线，也是枉然。郭靖能成为一代大侠，黄蓉功不可没。能让一代宗师洪七公收徒，能让武学痴人老顽童授业，能让世外高人一灯大师指点，皆赖于黄蓉的引导。张无忌在未上光明顶之前，虽然内功绝世，但是对各种武功的使用法门，基本上一窍不通，所谓的行侠仗义完全是靠一副菩萨心肠。后遇小昭，得窥乾坤大挪移的无上心法，才使武功出神入化。历代明教教主，穷数十年之力，也不过练得三四层而已，而张无忌在几个时辰内就练到了顶层，他本身内功的根基固然重要，但没有小昭对波斯文的解读，没有小昭在旁边的鼓励，几乎是不可能做到的。有时候，一个看似微不足道的人，却可能引领你到达成功的殿堂。

三、基础扎实

在得遇名师之前，一定要有扎实的武功基础，这样以后才能在名师的指导下突飞猛进。郭靖在得遇洪七公之前，虽然武功低微，但所习内功为玄门正宗，为他扎下了很好的根基。在外门武功上，虽然还很粗浅，但长年受江南七怪和哲别师父的教诲，再加上自己沉稳老练的性格，一招一式都是像模像样，只是缺乏变通而已。有扎实的内外功基础、坚强的意志，加上按部就班地勤练不辍，再遇名师指点，成为一代高手只是时间问题。令狐冲自幼随岳不群习武，每招每式都力求到位，趋于完美，这虽然和他以后所学的独孤九剑的路子完全不同，但也是基础与升华的关系。独孤九剑讲究无招胜有招，出招随心所欲，看准敌人破绽，一击成功。这与岳不群所传的死板的华山剑法背道而驰，但这些死板的招式仍然是那些"无招"的基础。试想一个人没有按部就班地经过识字、断句、阅读、理解、练笔等练习，以后怎么能达到"落笔惊风雨，诗成泣鬼神"的至高境界？大学依然是一个人打基础的时候，若不珍惜这段时光，不打好发展的基础，以后纵遇名师，纵有无数机遇，也是枉然，只会徒增烦恼，空自叹息。

四、刻苦用功

郭靖是一个靠刻苦用功而成功的典型例子，别人练一遍就会的招式，他往往需要练十遍、二十遍，甚至上百遍。郭靖是一个极有自知之明的人，知道自己脑子不灵，所以从不跟别人比脑筋急转弯儿，从不以己之短对敌之长。郭靖自幼长在风沙大漠，具有蒙古人的豪放与吃苦耐劳的精神，又深明笨鸟先飞的道理，所以练功时，总在别人还未开始或已经休息时，仍然勤练不辍，始终坚信勤能补拙这一千古不变的真理。杨过断臂之后，在激流中挥动玄铁重剑，终于用刻苦弥补了身体上的缺陷；令狐冲在思过崖上一待数月，终于参透了"无招胜有招"的武学境界；袁承志在华山绝顶磨砺十年，终成高手；乔峰自幼习武，从未间断，成就了丐帮兴盛大业。综上所述，刻苦用功是走向成功的重要因素，是智力不足的补天之石。

五、适可而止

郭靖在练降龙十八掌的时候，就深知贪多嚼不烂的道理，宁可将一招练得扎扎实实。而这个简单的道理，洪七公在学武 20 年后才参悟明白。张无忌在练到乾坤大挪移第七层时，感觉不妙，随即罢手，才避免了一场走火入魔的灾难。人生不能圆满，武功亦是如此，要懂得适可而止。

六、心胸宽广

胸襟宽广者，思想无束缚，武功才能练成一流。郭靖、杨过、令狐冲、袁承志、乔峰、虚竹、胡斐等，皆是侠义之辈，宽厚待人。心胸狭窄、利欲熏心者虽也不乏武功高强者，但终究不会有多大进益。萧远山的血海深仇、慕容博的雄霸王图、鸠摩智的个人野心，都给他们厉害的武功种下了致命隐患。东方不败就武功而言，世上再无敌手，但因练武而形成的对男人的喜爱，成了他丧命的主因。武侠小说中所有人的思想、对世事的感悟，都比不过少林寺中的无名老僧，因此，武功自然就与他相去甚远。而老僧自己并不屑于提及武功，他的自豪在于佛法。

金庸的武侠小说有着深刻的内涵，虽然武功的强大多是想象，但于人、于事、于理的描写却入木三分，对我们做人、做事、学专业有很大的启发。在校园中寻找名师，并拜入其门下，是成才的第一步；之后找个志同道合的优秀者作为引导，学习就有了莫大的动力；之后刻苦用功、打好基础；之后在追求的道路上要懂得适合而止，坚决不能贪心不足蛇吞象；最后要有宽广的胸怀，因为这才是做人的境界、做学问的境界。理想所至，一切都是武器，哪怕只是一些武侠小说。做兽医就是做学问，做学问就得先做人，而文学作品的最大作用就是塑造人格。

第七章　兽医精神

要成就兽医的伟大，就必须用好笔这个秘密武器，将"坚持、坚守、博学、博爱"的兽医精神融入其中，传递给每一个热爱生命的人。那么，兽医到底需要坚持什么？需要坚守什么？到底怎样才叫博学？怎样才叫博爱？本章就来探讨这些问题。

第一节　概述

每个职业、每个专业都有它的内在精神，但要提炼出来并一以贯之地执行下去却并不容易。兽医是一个古老的职业，从传说中的马师皇开始到现在，已经有几千年的历史。在历史的长河中，兽医一方面维护着动物的繁衍、保障着人类的发展，另一方面背负着由来已久的偏见，若没有坚持与坚守的精神，不可能得以传承与延续，若没有博学与博爱的精神，不可能担负得起使命与责任。本节主要从三方面来论述兽医精神的基本情况，分别是兽医精神的由来、兽医精神的内涵和兽医精神的实践。

一、兽医精神的由来

塔里木大学在 60 多年的办学历程中，始终坚守在沙漠边缘，始终坚守在塔河两岸，三五九旅精神和抗大作风跟随者王震将军的屯垦部队在"塔河源头，昆岗故地"扎根，最后与当地的一种生命力极强的树木——胡杨相结合，形成了现在极富盛名的胡杨精神。胡杨精神的内容是："艰苦奋斗、扎根边疆、自强不息、甘于奉献"。塔里木大学这所在特殊的历史时期，用特殊的办法建立起来的特殊大学，一直秉承胡杨精神，逐渐形成了"以胡杨精神育人，为兴疆固边服务"的办学特色。胡杨精神讲奋斗、讲奉献、讲自强、讲扎根，而这些精神特质在兽医上也都有体现。因此，我们传承胡杨精神、延伸胡杨精神，结合兽医专业的特点，提出了兽医精神，即坚持、坚守、博学、博爱。其中，坚持和坚守是兽医的内在品质，博学和博爱是兽医的外延才德；坚持和坚守是对胡杨精神的继承，博学和博爱是对胡杨精神的拓展；坚持和坚守是对生命的尊重，博学和博爱是对生命的关怀；坚持和坚守是让生命得以维系，博学和博爱是让生命更加精彩。

二、兽医精神的内涵

坚持、坚守、博学、博爱是兽医精神的全部内容，虽然四个词八个字，但内容却非常丰富。坚持是要坚持学习、坚持实践、坚持交流和坚持思考。坚守是要坚守职业道德、坚守工作岗位、坚守做人操守、坚守科学精神。博学，是要专业知识丰富、科学知识丰富、人文知识丰富和沟通知识丰富。博爱，是要爱动物、爱畜主、爱职业和爱世界。兽医的内涵可能远不止这些，需要我们在今后的实践中不断挖掘，不断丰富，不断完善。但在目前，我认为已经包含了主要方面，坚持为本，坚守为德，博学为控制疾病，博爱为挽救生命。坚持才能博学，坚守才能博爱。

三、兽医精神的践行

现代著名教育家蔡元培有句名言："教育者，养成人格之事业也。"具体到兽医教育，其目的就是养成兽医人格之事业也。那么，兽医人格又是什么呢？就是坚持、坚守、博学、博爱的兽医精神。要形成兽医人格需要通过系统的教育方能完成，但我认为最重要的是通过兽医文化的浸润与感染。不同的高校可有不同的方式，但培养兽医人格的目标是一样的。以塔里木大学为例，在胡杨精神为背景的前提下，可结合兽医教育实际，提出自己行之有效的方案。我认为可以从以下六个方面入手，培养学生的兽医人格。

第一，以慕课"兽医之道"打开兽医文化大门。兽医之道是新近上线的一门大规模在线开放课（massive online open course，MOOC），这门课程可以说就是一门兽医文化的入门课，也可以看成是动物医学专业课程思政的集成。学习该课程，可以让完全不了解兽医的人了解兽医，可以让已了解兽医的人更加深入地了解兽医，可以让已从事兽医的人更加热爱自己的工作，并升格为自己一生为之追求的事业。兽医之道整门课程都在探讨"兽医是人"这一主题，是外行认识兽医、兽医认识兽医的入门课程。

第二，以兽医文化概论筑牢兽医文化根基。兽医文化概论是塔里木大学兽医教育中特有的课程，共32学时，由七位具有教授职称或博士学位的教师授课，分别从兽医文化漫谈、兽医文化内涵、兽医文化特征、兽医历史概述、兽医文学导读、兽医哲学杂谈、兽医科技发展概况和兽医人才培养进展等方面入手，注重师生之间交流、互动、探讨，注重写作、表达与创新，对传承兽医文化有着积极的作用。由于通过"塔大兽医"微信公众号进行及时发布与传播，多所大学来电、来函索要课程大纲及授课资料。今后，将以线下一流课程为建设目标，一要筑牢课程之基，二要筑牢兽医文化之基，让兽医文化在低年级学生中发芽，在高年级学生中开花，在今后的兽医职业生涯中结果。

第三，以兽医文学塑造兽医文化灵魂。近三年，一直在向动物医学专业师生推荐、推广世界上最伟大兽医、英国乡村兽医吉米·哈利的系列自传体兽医小说和美国兽医特蕾西·斯图尔特的近作《动物如友邻》，同时推荐和推广自己的首部兽医散文集《灵魂的歌声》，取得了良好的效果。今后，除了自己继续创作兽医小说《牛人》和兽医推理小说《光影》外，拟在每年的世界兽医日（4月）和中国兽医日（10月）开展兽医主题征文活动，让学生用文学的圣洁去净化兽医的灵魂。

第四，以"悬疑讲堂"构筑兽医文化阵地。悬疑讲堂是讲授兽医文化的主阵地。主讲者多为兽医方向老师，但也有其他相关专业老师；主讲者多为本校教师，也有一些国内知名专家、学者；主讲内容多为病例分析，但也包含了15%左右的兽医文、哲、史和兽医教育等内容。悬疑讲堂在听众层次方面尤为广泛，有教师、研究生、本科生和专科生；在学生专业组成方面，以动物医学专业学生为主，偶有外院学生或本院其他专业学生前来听讲，因此，辐射范围广、影响面大。加之，每次讲前有预告，讲后有报道，并且都会通过"塔大兽医"微信公众号推送，使其影响力逐渐由校内延伸至校外。今后，拟借助悬疑讲堂这一平台，陆续推出兽医文化系列讲座，如《趣谈寄生虫》《动物中毒史》《动物的生存哲学》

《病例推理》和《老子兽医》等，让悬疑讲堂成为坚强的兽医文化阵地和兽医文化思想孕育的摇篮。

第五，以"七怪"模式开拓兽医文化领地。兽医人才培养的"七怪"模式是借江南七怪培养郭靖的故事创立的一种"教师团队培养学生团队"的导师制模式。在该培养模式执行期间，除了在专业理论与专业技能上单独培训外，还在兽医文化教育上做了一定的工作，如举行兽医思想动态汇报、兽医理想演讲、世界兽医日或中国兽医日主题活动和撰写兽医主题文章等。今后，将进一步加强"七怪"模式培养，使这些兽医界的"郭靖"成为兽医文化的践行者和传播者，最终实现以点带面，实现兽医文化传播的最大化。

第六，以"塔大兽医"微信平台解读兽医文化内涵。以上所有的建设内容，都会择优撰写成图文，通过"塔大兽医"微信公众号进行推送。微信公众号将是塔里木大学兽医文化建设的主要宣传窗口，目前该公众号关注人员已达1100多人，既有本校动物医学专业师生，又有国内的兽医同行，除此之外，还有一部分兽医教育战线上的专家、学者。今后，将进一步加强平台建设，弘扬胡杨精神，传播兽医文化。总的来说，兽医精神的践行是以兽医文化的推行作为铺垫的。认同了兽医文化，就认同了兽医专业，就能够形成"坚持、坚守、博学、博爱"的兽医人格。

兽医精神是在践行胡杨精神的基础上提出来的，其中坚持与坚守是胡杨精神的继承，博学与博爱是胡杨精神的外延；坚持与坚守是兽医的内在品质，博学与博爱是兽医的外延才德。兽医精神如何践行？必须以兽医文化作为铺垫，才能走出全新的兽医之路。但兽医的道路无比艰辛，必须坚持，才能前行；兽医的知识无比宽广，必须坚持学习，才能有效驾驭。

第二节　坚持学习

坚持学习主要表现在两个方面，即坚持阅读和坚持写作。其中坚持阅读不局限于专业方面的著作与文献，还要广泛涉猎其他科学方面的著作和人文社科类作品。兽医是全科教育，即所有动物的所有学科，因此知识范围十分广泛，光是专业著作就浩瀚如烟，再加上人文、社科、科学方面的著作，完全就是知识的海洋。人们常说，书山有路勤为径，学海无涯苦作舟。面对书山、学海，兽医只有坚持，才能到达胜利的彼岸。坚持写作就是要坚持记录，坚持撰写学习心得，坚持撰写学习和工作计划，坚持编制学习和工作目标，坚持将自己的思想通过文字形式传递给别人。在兽医之道这门课程中，我不止一次提到写作与记录的重要性，因为只有写出来的东西才便于梳理，才便于长久保存。书写与阅读原本就是学习的两条腿，但现在硬是被手机给磨短了；书写与阅读原本是成就思想巨人的云梯，现在却成为思想侏儒的矮几。有阅读才有思路，有写作才有深度，兽医的业余闲暇最应该捧起的是书，最应该拿起的是笔。

坚持学习，包含五个方面的内容，分别是坚持阅读专业著作、坚持阅读专业文献、坚持阅读文学作品、坚持阅读人文作品和坚持写作。

一、坚持阅读专业著作

专业著作先要广泛涉猎，熟悉各科的主要内容，对兽医有整体的了解和把握。之后，找到自己的兴趣方向，再深入阅读。深入阅读，要达到资深专家的水平，不放过任何一个细节，尽量深入每一个盲区。专业阅读首先从课程教材开始，将教材熟记于心后再阅读相关著作，互相比对，以求达到深层次的理解。专业阅读只读中文著作是远远不够的，还要阅读大量外文原版书籍。大学时，学校提倡的"教一学二考三"，倒逼学生进行大量的课外阅读，这是一种有效的教学理念。没有大量的专业阅读，就不可能有医术的精进。阅读是兽医最基本的品行。

二、坚持阅读专业文献

人们反感百度医生，当然也会很反对百度兽医。专业上用百度就是最不专业的表现，会让畜主产生巨大的心理落差，使兽医在他们心中的形象一落千丈，跌得粉碎。百度很有用，但不是万能的，专业的事儿还是要到专业的数据库去查。中文数据库有中国知网、万方、维普等。不知中国知网的学生，其学位来源是要受到质疑的。除了中文数据库外，还有许许多多的外文数据库，如 Pubmed、Medline、ScienceDirect 等，均可查阅到相关文献。专业著作是最经典的诊疗理念与诊疗方法，而专业文献是最新的研究进展。继承了经典，还要跟得上发展，这才能永葆兽医诊疗的先进性。专业文献阅读往往不是全文阅读，而是先读摘要，了解个大概，再根据需要决定是否通篇阅读。阅读摘要就如同快速浏览报纸一样，寻找的是感兴趣的报道与话题。长期阅读，习惯渐成，和早晨起来喝水、中饭之后看报、晚饭之后散步是一个道理。

三、坚持阅读科学著作

科学著作是指除兽医学外其他的科学作品，如动物学、植物学、物理学、化学、生物学和地理学等。通晓的知识越多，越容易融会贯通，对诊疗的帮助越大。当然阅读其他专业性强的科学著作是十分困难的，往往也是不现实的，毕竟隔行如隔山，但读一些浅显易懂的是十分有必要的。许多科学巨著，偏向科普，兼具科学性和文学性，有很大的可读性，对兽医临床诊疗有重要的辅助作用，如《梦溪笔谈》和《昆虫记》这样的作品。爱因斯坦的《相对论》，霍金的《时间简史》，是科学界里程碑式的著作，了解一些，对人格的形成，对诊疗的启发都是很有帮助的。

四、坚持阅读人文作品

人文，简而言之，就是重视人的文化。辞海中对人文的解释是："人文指人类社会的各种文化现象"，集中体现在重视人、尊重人、关心人和爱护人上。其实，抛开那些抽象符号铸就的公式与定理，多属于人文的范畴。兽医是以博爱为基础的，而人文作品是体现重视人、尊重人、关心人和爱护人的，因此，兽医必须广泛吸收人文作品中的精髓，为自己高尚的兽医人格积淀美德。关于人文作品，不必拘泥于古今中外，不必拘泥于写实还是虚构，只要作品书写的是真善美，抨击的是假丑恶，就可以拿来一读。先秦经典《山海经》，既是神话，也是文学，还可能是科学，学之可令人脑洞大开，对世界的认识能够再上一个层次。《道德经》是哲学，也是科学，对于人格的形成，对于疾病诊疗的启示有着重要作用。科幻小说、推理小说，都能给我们深刻的启示。在"兽医的素质"中讲过，兽医三大素质中最后一项就是善于推断。动物疾病诊断靠的就是推断，疾病的诊断不亚于离奇案件的揭秘，深谙推理之道，就会充分理解诊断之道。阅读人文作品，就是在积淀兽医人格。

五、坚持写作

这里的写作是个宽泛的概念，不是作家之写作，而是普通人摘抄知识、记录病例、撰写心得、梳理思路，当然也可以是文学上的创作。书本上的知识，心灵上的感悟，都需要及时地记录下来。因为，这些都是稍纵即逝的财富，唯有记录才能使其永远保值。主诉的病情，疾病的表现，用药后的反应，治疗后的效果，诊疗的心得体会都要记录下来，因为这是技术精进的阶梯。要时刻保持求真的心态，时刻准备好记录的纸笔，记录是留下印记，留下印记就是追求进步的轨迹。只要坚持写作，兽医都是潜在的作家；只要坚持记录，兽医都是潜在的名医。

坚持中最重要的一条是坚持学习。坚持学习，最重要的是坚持阅读和坚持写作。坚持阅读要坚持阅读专业著作、专业文献、科学作品、人文作品。坚持阅读获得知识，坚持写作获得思想，而知识与思想都是兽医不可或缺的品质。在坚持阅读与写作的学习中，兽医还要坚持实践，因为"纸上得来终觉浅，绝知此事要躬行"，躬身实践是成为兽医的基础。

第三节　坚持实践

兽医是一个实践性很强的专业，没有很强的操作能力，不可能胜任兽医临床诊疗工作。如超声检查，关键在于超声医师的扫查技能和图像识别能力。同样的设备，同样的动物，同样的病变，不同的人检查出的结果可能大相径庭。其他的操作技能也存在这种情况，因此，要坚持实践，不断揣摩，不断总结，才能胜任兽医临床诊疗工作。社会上普遍流行的"一万小时定律"也适用于兽医实践。当然，不是任何人干够一万小时都能成功，但成功的人肯定在实践上下足了工夫。兽医注重理论联系实际，但更注重实践，脱离实践的兽医就是招摇撞骗的花架子，徒具好看，却留骂名。坚持实践就是要坚持生产一线，坚持科学探索和坚持继续教育。离开了实践，兽医就失去了灵魂。在塔里木大学教学动物医院实习的学生，通常都是边看书边照顾生病的动物，这充分说明理论与实践是密不可分的整体，二者合一才是提高兽医诊疗水平的最有效途径。全国每两年举办一届动物医学专业技能大赛，每年举办一届小动物医师大赛，为什么？就是引导广大师生热爱实践、坚持实践，把动物诊疗推上一个新的台阶。

坚持实践的内容及内涵，主要包括三方面内容，分别是坚持生产一线、坚持科学探索和坚持继续教育。其中，生产一线是救死扶伤的阵地，科学探索是救死扶伤的后方，而继续教育是救死扶伤的演习。

一、坚持生产一线

生产一线是兽医成长的舞台，也是表演的舞台，离开这个舞台之际，就是兽医谢幕之时。养殖场的圈舍，动物医院的诊疗室，疫病监测的实验室，肉食品检疫的农贸市场，自由放牧的青青草场，都是兽医表演的舞台，都是兽医要坚持的一线。离开了一线，兽医的光环就会变得黯淡。常年坚持在生产一线，很多疾病便可一望而知，如牛的佝偻病。前肢内八字，后肢外八字，脊柱下弯，症状十分典型。佝偻病是幼龄动物因维生素 D_3 不足或钙磷比例不当引起的一种营养代谢病，对骨骼的发育影响最大。解决动物生产中的疾病问题，既是兽医的职责所在，也是兽医的乐趣所在。直接面对患畜，亲自进行临床检查，亲手进行疾病诊疗，亲耳倾听畜主的诉说，是作为兽医真实感最强的时候。再如，动物气管分叉部存在异物，有经验的兽医凭借 X 射线片很容易就能发现，而脱离生产实践的兽医往往可能出现漏诊。另外，常年坚持生产一线的人，不仅能够在 X 射线片中发现异物，还能应用高超的技术将异物顺利取出。兽医是动物生产中的护航舰，健康养殖离不开兽医；兽医是疫病防控的主力军，人畜共患病的防控离不开兽医；兽医是食品安全的检查员，肉食品安全离不开兽医。与疾病对垒，与畜主对话，与动物对视，是临床兽医的铁血柔情。

二、坚持科学探索

兽医的前方，永远是深不可测的未知。但未知同时也是兽医面前的胡萝卜，是兽医不断去探索的动力。曾在朋友圈中看见一只带着眼镜的患犬，虽然是学生看护过程中的调侃，但也说明兽医前方的未知，需要像带着眼镜的老学究一样的兽医去不断探索。对未知保持童心，就是对兽医诊疗的未来抱有希望。临床上接诊了一头马鹿，结膜黄染，究竟是什么原因造成的？让兽医充满困惑，但同时也激发了对未知探索的热情。兽医的研究方向十分广泛，包括疫病的研究、人畜共患病的研究、普通病的研究；包括发病机理的研究、兽药的研究、诊疗技术的研究；包括中兽医学的研究以及其他学科交叉内容的研究。任何诊疗路上的未明事宜，都值得兽医去探索。如为动物进行外科手术，手术原本就是一种探索方法，让摸不着、看不见的病变在手术刀的切割下逐渐暴露。科学研究是对未知领域的探索，是对未知疾病的一种探索性实践，有了这种探索，才能为更多的生命创造出绿色的大道。

三、坚持继续教育

兽医诊疗技能的提升永远在路上，学无止境是兽医永远的座右铭。面对层出不穷的疾病，日新月异的设备和诊疗方法，兽医每年都要参加继续教育，每天都要提高自己的理论与技能，每时每刻都要提醒自己：兽医诊疗水平的提高永无止境。每年都要参加继续教育，每年都要修够一定的继续教育学分，是执业兽医师今后必须执行的制度。即便没有这种制度约束，兽医诊疗水平的有限与动物疾病日益复杂的矛盾也会让兽医自己行动起来，自觉自愿地参加各类实践培训。2019 年 1 月，三所西部高校共同参加了在华中农业大学举办的"对口支援高校临床兽医教师诊疗技能提升培训班"，为期一周，有效地提高了兽医临床诊疗水平。继续教育就是兽医生命力的延续，无此将活力不再；继续教育就是兽医长跑路上的补给站，无此不可能顺利达到终点。坚持继续教育，实际上是坚持参加兽医教育。

现在是一个终生学习的时代，兽医是一个终生学习的职业，两个"终生"的叠加，注定兽医这一辈子都会走在学习的路上。

坚持实践，才能让兽医的灵魂永远在路上。坚持实践，就是要坚持生产一线，就是要坚持科学探索，就是要坚持继续教育。一线是阵地，探索是动力，教育是补给，离开了这三条，兽医的实践必然飘在天际，不能落地。坚持了学习，坚持了实践，兽医就成了一个腿脚齐全的人，就成了一个可以追求幸福的人。

第四节　坚持交流

兽医不是一个人的战斗，而是群体的共同奋斗。脱离交流就是脱离了坚强的战斗堡垒。2019 年我们在华中农业大学兽医院进行的技能学习与专业交流，对我们的思路、眼界和技能都有质的改观。交流的首要目的是改变思想、转变观念，只要思想与观念顺应了时代发展，其他一切都不是问题，都能迎刃而解。最可怕的是抱着历史淘汰的糟粕，或过了时的先进，居然自以为是，夜郎自大，不但不能成为发展的推动者，反而成为进步的阻碍者。交流的方式有很多，推心置腹的面对面交流，及时互动的群组交流，业余时间的人机交流，都是交流的基本方式。兽医要有博爱精神，还要有博采众长的胸襟，否则势必会陷入狭隘的空间，一辈子无所建树。交流不限于同行之间，也可以延伸至同行之外。同行交流练内功，外行交流展外延，任何有效的交流都有助于兽医理念和水平的提高。

坚持交流，主要包含以下三个方面的内容：坚持面对面交流、坚持人与机交流和坚持群组交流。

一、坚持面对面交流

我上研究生时，英语的听说课教材叫 *face to face*，主要学习的是面对面的英文交流。我们兽医交流也是一样，主要的方式应该是面对面。不管网络如何发达，面对面交流仍是成效最大的交流方式。面部表情，肢体语言，内心吐露出的专业信息，均能激发出思想的火花。单纯就交流而言，兽医是有自信的，因为兽医不仅要懂"兽语"，还要精人言，交流是兽医诊疗过程中的必修课。但兽医与同行的交流，却不常见，因此，一旦有面对面的机会，深入探讨一些专业问题很有必要。兽医单靠枯坐与冥想不可能获得质的提高，彼此的交流与切磋才是技艺提升之道。坚持面对面交流，既不会在专业上落后太多，也不会在情绪上过于自闭。兽医，除了要面对垂死的动物，面对鲜活的生命，还要面对面地交流。

二、坚持人与机交流

人与网络、人与视频之间的交流，接收的成分大些，表达的成分少些。为什么要进行人与机之间的交流？因为要学习、要充电、要应付日益复杂的疾病。兽医从古至今就是一个繁忙的职业，没有太多的时间去接受补给，因此，只能利用碎片化的时间观看慕课、微视频，阅读微信公众号推送的专业文章，以提高诊疗技能。当学习不能进行连片收割时，就去挥舞一度丢弃的镰刀，利用短暂的闲暇，见缝插针地进行专业知识收割。时代已经将时间敲碎，能够利用相对集中的业余时间观看专业视频、学习繁复而陌生的兽医专业知识已经成为一种奢望，最后只能在时间的碎片中找回自己在专业上的差距。碎片化时间学习的不是碎片，而是精华。最后，兽医的大脑要将看似碎片的东西连成一片，续接自己专业上的短板。当前，虽然是网络信息时代，但不能被淹死在信息的海洋中，而要在信息的海洋中找到自己的渡海神舟，而人与机之间的交流就是我们的渡海神舟。

三、坚持群组交流

既然手机已经成为人们生活的一部分，丢弃不得，那就得充分利用，变成交流的工具。手机上可安装多种即时聊天软件，目前常用的就是 QQ 和微信。当前，微信交流群、QQ 交流群和讨论组，数不胜数，各种主题的群组层出不穷。若能有效利用，确实不失为一种有效的专业交流手段。群内成员大多是坚持在诊疗一线的同行，交流起来有许多共同的话题，对问题的分析也有独到的见解。专业群组讨论专业问题，传递专业文献，很多疑惑都会得到及时解答，这在以前是不可想象的。时代在发展，信息技术在进步，一下子缩短了人与人之间的距离，同时也缩短了同行与同行之间的距离。同行组成的群组，既有大专业方向上的专家，也小方向上的教授，既能够满足学科交叉互补的要求，也能够满足同学科深入探讨的需要。坚持群组交流，就是要在专业群组内说专业的话、讨论专业的问题，而不能为了娱乐而去灌水。保证专业群组的纯粹性，是坚持群组交流的首要原则。群组交流不是非要你去发言、去讨论，看看别人对问题的分析，这也是一种交流。我的微信中有很多群组，有同门师兄弟的群组，有兽医读片社的群组，有教学动物医院的群组，有专门交流毒素的群组，有专业学会的群组。不同的群组就是不同的家庭，有着不一样的专业氛围。坚持群组交流是维系专业家庭氛围的最好途径。

坚持交流就是在坚持彼此启发，彼此启发就能获得更多的思路和思想。兽医是一个与时俱进的职业，永远不可能固守一隅，勇于突破才是发展的王道。

第五节　坚持思考

当前是一个不缺乏资料，却缺乏思想的年代；缺乏思想是因为缺乏思考，而思考是获得思想的唯一途径。从事兽医教育工作十几年，我常常看到缺乏思考的学生，他们如同头罩在笼子里的人，纵然胁下生双翅，依然逃不脱狭隘思想的樊笼。留给作业只会抄袭，让写论文只能百度，永远缺乏自己的观点和认识。这一类学生，只能拾人牙慧，难以创新，根本无法适应日后的诊疗工作。思考就如同牛的反刍，只有把接收的信息经过大脑的思考才能最终成为促进自己生长的营养。思考可在夜深人静之际，也可以在人声鼎沸之时。经常思考的人，一定会成为一个思想独立的人；经常思考的兽医，一定会成为一名独树一帜的兽医。

无论是双向的言语交流，还是单向的静默视听，内心都会泛起涟漪，脑中都会激起思考。思考是人的一种形象，思考是兽医的一种坚持。坚持思考人生、坚持思考诊疗得失、坚持思考创新理念，是兽医思考的主要内容，有了这些思考，兽医的人格就会提升，兽医的诊疗水平就会提高。

一、坚持思考人生

兽医的人生必须是积极的人生、进取的人生、充满正能量的人生。而积极的、进取的、充满正能量的人生必须有思考掌舵，才不容易偏离航道。一有空闲时间，就如牛反刍一般，思考人生的意义，思考人生的目标，思考人生的过往。当思路通畅，思考有结果时，就会有工作的激情与动力。兽医的生活是艰辛的，但兽医的人生一定是精彩的。这种精彩，一来源于治愈疾病的成就感，二来源于积极思考的成果。据统计，有1/6的兽医都想过自杀，但大部分都没有自杀，为什么？就是兽医能够积极地思考人生。可见，思考人生的意义对于兽医十分重要。王小波有篇文章叫《一只特立独行的猪》，讲的是一头善于思考的猪。一头猪尚且在思考"猪生"，何况是人！每一个人都应该思考一下人生的价值与意义，都应该思考一下生命的本源与使命。兽医尤当如此。

二、坚持思考诊疗得失

诊疗这件事必须时刻挂在心上。得之思之得，失之思之失；得之化作经验，失之成为教训。动物是如何发病的？动物为什么会有这些症状表现？用什么药更好？用什么方法更容易确诊？一些预料之外的疾病表现是什么原因？如何能够有效预防这些疾病……兽医的大脑里必须每天充斥着大量的为什么，虽不能达到十万，但在数量上也相当可观。在询问中诊疗，在诊疗中询问，在追寻为什么的道路上不断前进。旧的疑问才解，新的疑问又生，不断思考诊疗中的得失，才能获得医术上的巨大进步。有人说，提出问题比解决问题更重要。确实如此，不深挖根源，不另辟蹊径，诊疗水平将永远浮于表面，永远只能在量的表面徘徊，而不能在质的深处提升。当前是一个大数据时代，深挖数据中隐藏的真相，也是疾病诊疗的重要内容。从病史调查到基因比对，诊疗淹没在无穷无尽的数据中。有了思考，成功泅渡；没有思考，多半溺水。

三、坚持思考创新理念

兽医必须有一些独特的理念，才能在疾病诊疗中无往而不利。对于某种疾病治疗原则的思考，对于某种疾病治疗方法的思考，对于某种药物充分利用的思考，对于服务意识创新的思考，都有可能产生创新理念。而创新理念是成就兽医诊疗专长的重要基础。如我们对兽医文化的创新与推行，也算一种专业范围内的创新理念。让先进的兽医文化占领兽医每一个阵地，融入每一个人的心灵，和谐世界每一个角落，也是我们兽医的使命之一。创新不是翻新，时尚不是复古。所谓创新理念就是要颠覆脑中固有的顽疾，使思想焕发出新的生命力。有的创新只需要对原有事物进行简单修饰，而有的创新则需要彻底的颠覆。兽医的理念创新主要表现在两个方面，一是要有挽救动物生命的理念，二是要有保护人类发展的理念。坚持在挽救动物生命和保护人类发展两个大方向上创新，就是坚持兽医理念的创新。

兽医，坚持在工作中思考，在思考中工作。坚持思考，思考些什么？主要是思考人生、思考诊疗得失、思考创新理念。在这三方面均能思考有所得，兽医的人生就会一帆风顺。

第六节 坚守职业道德

兽医挽救的是生命，不是动物。这既是树立兽医自尊的一句话，也是提升职业道德等级的一句话。面对社会道德的沦丧，兽医一定要坚持原则，守住自己的职业道德底线。收费明码标价，用药规范透明，记录科学明确，沟通彻底到位。兽医是一个良心职业，不能背离畜主而虐待动物，不能背离畜主而隐瞒诊疗真相。除此之外，不滥用怜悯而增加动物痛苦，不谋私利而延长动物病程，一切以动物福利为基准。诊断不敷衍，治疗不过度，拿出对生命的尊重与热忱，用爱心和医术点亮人类真善美的火炬。兽医，应当让职业道德成为点缀美好世界的闪光点，而不是成为抹杀社会文明的污点。亮丽的职业依赖于高尚的道德作为支撑。生活中有良知，诊疗中有道德。2018 年 8 月，我有幸参加了兵团党委统战部组织的"2018 延安理想信念培训班"，在延安充分感受到了红色文化的魅力。共产党人在极其艰难困苦的岁月，都能一直坚守着自己的理想信念，我们现在生活在这么好的环境种，又怎么能让职业道德沦陷呢？记得在培训结束时，我写了一首《鹧鸪天·延安》，最后两句是："寻根赴延安，此生献兵团"。其实，最后一句的真正含义是我要将此生献给兵团的兽医事业和兽医教育事业。

思考是伴随兽医一生的思想行为，除了思考上述内容外，还要思考我们的职业道德是不是达标。日三省吾身，对于兽医同样适用，缺失职业道德的诊疗只能算无良的商家，不能称其为医者仁心的兽医。坚守职业道德就是要坚守职业道德底线、坚守动物生命至上和坚持个人宁静自适。

一、坚守职业道德底线

职业道德底线就是兽医做人的底线，坚决不能触碰，否则兽医的形象将湮灭殆尽。什么是兽医的职业道德底线？首先，必须保证动物的"五大自由"，即不受饥渴的自由，生活舒适的自由，不受痛苦、伤害和疾病的自由，生活无恐惧、无悲哀的自由和表达天性的自由。限制了动物的这些自由，就是丧失了职业道德底线。再者，对待畜主一定要以诚相待，不能存在欺骗手段，否则也是丧失了职业道德底线的表现。底线就是对生命尊严的尊重，需要用一生去遵守。兽医，可以怀着赚钱的梦想，但无论如何都不能辜负每一个鲜活的生命，哪怕它是世人眼中最卑微的动物。动物的界限是宽泛的，上至驼、象，下到蝼、蚁，都是生命的表现形式。自从做兽医以来，我虽不能说"扫地不伤蝼蚁命，爱惜飞蛾纱罩灯"，但对动物生命确实产生了一种由衷的敬意。不再掏麻雀、逮鸽子，而是让动物尽享自由。兽医职业的道德底线由三条构成，一是对动物生命的敬畏，二是对人类情感的关怀，三是对金钱追求的适度。兽医不是救世主，只是平等地对待每一个生命的动物医生。兽医职业的道德底线就是根植于兽医内心的起码良知。

二、坚守动物生命至上

世界要想和谐，必须保证生命至上。生命是否卑微，只是从人类的视角来看的，实际上一切生命都是平等的。弱肉强食虽然是自然法则，但作为有思想、有素质的人类，在一定程度上必须保证生命的平等。兽医以挽救动物生命为天职，没有生命平等的观念，很难尽心尽责去完成自己的使命。动物有价，但生命无价，兽医挽救的是动物生命；动物有价，但感情无价，兽医慰藉的是畜主心灵。生命与感情都是至高无上的形态，是兽医坚守的服务对象；失去对生命的敬畏与救治，就失去了兽医原有的功能。世界上有了生命，才有灵动，才有了丰富的内容。无论是人类的上天入地，还是动物的跋山涉水，无论是植物的苍翠点缀，还是微生物的暗潮涌动，都是生命活动的形式，都是兽医敬畏的对象。把动物生命放在第一位，才有做兽医的资格。

三、坚守个人宁静自适

兽医是一项技术性很强的工作，需要付出巨大的精力去学习和实践。因此，兽医难有闲暇去追名逐利，除了学习与实践外，只能自己去寻找片刻安宁，作为生活上的调节。整天紧绷的弦容易断裂，整天持续的高压容易崩溃，适度的偷闲自乐，是十分必要的。兽医生活是繁忙的，但是也要忙里偷闲，为自己寻找一片宁静自适的天地。没有宁静自适的片刻，也就不会有点亮生命的精彩瞬间。那么，宁静自适有哪些方法呢？一切工作之外的、心情舒适的业余生活，都是宁静自适的方法。写字、写作、冥想、运动、聚会、独处，都是坚持宁静自适的方式，都是奔赴救治生命前线的补给站。

职业道德是一个职业必须遵守的道德准则，兽医必须让职业道德成为点缀美好世界的闪光点，而不是成为抹杀社会文明的污点。坚守职业道德就是要坚守职业道德底线、坚守动物生命至上和坚守个人宁静自适。道德上不触底线，事业上才能生机无限。除了职业道德外，兽医在个人操守上也要成为标杆。

第七节　坚守工作岗位

兽医的工作岗位是固定的，也是流动的。对于动物医院或动物诊所来说是固定的，但对于牛羊圈舍而言又是流动的。兽医坚持手机 24 小时开机是兽医对工作岗位最大的坚守。有患病动物来就诊，兽医就得坚守阵地战；需要出诊，兽医就得转入运动战。动物何时前来就诊，不是按照兽医的作息时间来预定的，而是随机的。一旦有就诊病例，无论是不是饭点，无论是否还有其他事情，都要把动物诊疗放在第一位。医院的医生有上下班时间，有换班。兽医，尤其是基层兽医，不可能有这种待遇。整个诊所，一个人就是全体员工，无论几班倒，倒来倒去，还是自己。世界上最伟大的兽医吉米·哈利就是活生生的例子。大城市的宠物医院，医生虽然有轮休，但少得可怜。作为兽医，必须时刻坚守在自己的工作岗位上，即便身不在岗，心也要在岗。手机的发明，让兽医无处藏身，任何地方都是接诊的前台。节假日的紧急呼救，凌晨唤醒睡梦的手机铃声，都是对兽医的查岗。但真正叫醒兽医的不是手机，而是挽救生命的梦想。因为挽救生命的梦想可以让兽医毫无怨言地坚守在自己的工作岗位上。

坚守工作岗位就是要坚守扎根的土地、坚守诊疗的大门、坚守牛羊的圈舍和坚守辽阔牧场。

一、坚守扎根的土地

兽医是保护一方动物健康的土地爷，是有极强的地域性。因此，兽医必须深深地扎根在自己所从业的土地上，才能开出绚烂之花，结出累累硕果。兽医必须"让信念扎入地下，让理想升向蓝天"，只有深深扎入自己从医的土地，才能更好地高高伸展。兽医扎根的土地，就是工作之当地。接地气、有人气，才有兽医更好的发展空间。例如塔里木大学，最初建立在荒芜的土地上，经过了 60 个春秋，已经将荒原改造成了沃土。为什么短短 60 年就能取得如此大的成就？因为塔大人像胡杨一样扎根在新疆南疆这片土地，生根、发芽、开花、结果。延伸到兽医，要想取得大的成就，扎根是第一选择。吉米·哈利扎根在约克郡德禄镇，成就了世界上最伟大兽医的名号；盛彤笙扎根在甘肃兰州，创造了亚洲第一兽医学院的壮举；常顺扎根在军马疾病防治上，获得了封侯的功勋。由此可见，深扎根是兽医的立足之本，高伸展是兽医的发展之路。兽医坚守的土地就是自己最好的根据地。

二、坚守医院的大门

动物医院都有大门，但基本上是不能关闭的，几乎要永远保持敞开状态，因为随时会有即将陨落的动物生命从门前经过，而我们必须用最大的能量挽留住它们。关闭了动物医院的大门，就是关闭了生命之门。实际上，动物医院的大门就是生命之门，既有急切的畜主前来敲门，也有邪恶的死神前来叩门。我们必须让敲门的畜主看到希望，而让前来叩门的死神感到绝望。很多大城市都推出 24 小时接诊的动物医院，我经常看到朋友圈中的同行彻夜不眠地在为动物做紧急手术，使无数已经走向黄泉的生命重新折返了回来。动物医院的倒闭之象就是经常大门紧锁，其原因可能是经营不善，入不敷出，但我认为更重要的原因是兽医已经失去了救死扶伤的初心。"拒绝死神的门紧锁着，挽救生命的门敞开着，一个声音高叫着：赶紧进来吧，我是兽医！"这才是兽医应该具有的仁心与情怀。动物医院的大门不能闭，兽医仁爱的心门也不能闭，坚守着动物医院大门，就是坚守着生命的大门。

三、坚守牛羊圈舍

宠物医生一般只需坚守在自己的医院或诊所，而牛羊等经济动物医生却需坚守在圈舍，而且这个圈舍不是固定的，而是随着发病牛羊的地理分布，四处流动。圈舍不动，兽医在动，这是坚守牛羊圈舍的最显著特征。就工作环境而言，圈舍无法和动物医院相比；就诊疗设备而论，圈舍也无法和动物医院相比；就医疗水平而讲，圈舍更是无法和动物医院相比。宠物多被视为家庭成员，"生命无价"的理念让宠物治疗在一定程度上不计成本，而牛羊是经济动物，超过它们本身一半的价格都鲜有人去治。对于兽医来说，任何动物都是生命，但对于畜主来讲，赔钱的买卖是不做的，这就造成了兽医不一样的服务水平。厅堂上啃书本，圈舍中救生命，这是多数兽医的工作写照。动物的圈舍往往是兽医的前沿阵地，坚守牛羊的圈舍就是坚守兽医的阵地，不同的是这个阵地经常变换位置，让兽医疲于应付。圈舍是没有硝烟的战场，圈舍是粪灰弥漫的阵地。

四、坚守辽阔牧场

放牧是最原始的养殖方式，牛羊自由地追逐着水草，而兽医却是艰辛地追寻着患畜。

在草原上做兽医，就相当于在行军部队中做军医，居无定所是最大的特征。背着简单器械，装着基本药品，在往来行进中与动物疾病对抗着。牛羊等动物的健康，就是大自然的健康，让动物与大自然的和谐相处就需要兽医来保驾护航。草原有宽广的胸怀，但也有种类繁多的疾病。传染病的控制、中毒病的防治、寄生虫的驱杀、普通病的诊疗，都离不开兽医。草原的辽阔赋予了兽医宽广的胸怀，骏马的奔驰赋予了兽医无限的激情。坚守辽阔牧场，让大自然中的生命毫无病痛地自然流淌，是兽医职责使命之一。

兽医的工作岗位，有的是固守的阵地，有的是流动的战场，无论哪一种，坚守是第一位的。疾病的发生一如战争的发动，常在意想不到的时间、地点爆发，因此兽医必须时刻准备着开展诊疗工作，必须时刻坚守在自己的工作岗位上。坚守在自己的工作岗位上，身体或许可以休息，但紧绷的诊疗之弦却永远不能放松。坚守工作岗位，首先要坚守在自己扎根的土地，然后才能选择是坚守在医院大门、牛羊圈舍，还是辽阔的牧场。无论坚守在哪里，都是极其不易的，因为工作的性质、工作的环境和工作的强度都是常人无法想象的，但兽医却坚持了下来，因为兽医有不一般的做人操守。

第八节　坚守做人操守

坚守做人操守的所有题目都来自《菜根谭》。《菜根谭》与《围炉夜话》《小窗幽记》并称为为人处世三大奇书。这一节摘出六句作为题目，作为做人操守的内容，就是要继承和发扬古人的道德情操，让兽医的做人操守再上一个新台阶。坚持做人操守就是要做到势力纷华近而不染、智械机巧知而不用、闻逆言而不怒、处忙时而不乱、完美名节分些与人和辱行污名引些归己。

一、势力纷华近而不染

社会风气在变，但兽医的做人操守不能变，要始终保持出淤泥而不染的高洁。兽医不能杜绝不良风气，不能远离不良风气，但一定不能沾染不良风气。不管我们如何强调兽医的高洁，但兽医永远是接地气的生命救治者，而非不食人间烟火的神仙，因此只能近而不染，而不能彻底与尘世绝缘。当前，部分兽医也沾染了某些医院不好的一面，如过度依靠仪器、过度用药、附加许多不必要的检查等。因此，应引以为戒，不能让兽医通过艰苦努力建立起来的一点形象轰然倒塌。无良兽医、百度医生，相信只是某些心怀叵测的人披着兽医的外衣在干不法的勾当，根本不是真正的兽医，因为兽医是拯救动物生命的天使。兽医虽然在尘世中救兽，但在势力纷华面前应跳出三界之外，保持最淳朴的医者仁心。

二、智械机巧知而不用

只要昧着良心，披着兽医外衣，赚钱的方法很多，首先是注射假疫苗。假疫苗对于不法兽医来说，有两个好处：一是几乎没有成本，二是主要传染病不能有效预防，动物还会二次就诊。这是严重违背兽医良知的事情，为同行所不耻。其次是提供假的处方。处方上的药物及其剂量与实际不符，明里遵纪守法，实则违法乱纪，严重损害兽医形象。兽医的处方是有法律效力的，不能胡乱开具，否则是要负法律责任的。注射假疫苗，出具假证明，提供假处方，隐瞒真情况，虽可轻松获利，但兽医弃而不为，为的都是不法商贩，绝对不是真正的兽医。2016 年 10 月 12 日，农业部发布了《兽医处方格式及应用规范》，其目的就是为了加强兽医处方管理，规范兽医执法行为。《兽医处方格式及应用规范》是根据《中华人民共和国防疫法》《执业兽医管理办法》《动物诊疗机构管理办法》和《兽用处方药和非处方药管理办法》等文件制定而成的。处方明细化，用药当面化，沟通及时化，检查适度化，是兽医必须遵循的诊疗原则。兽医是社会发展的产物，是社会道德水准沉积的结晶，决不能使其成为不良社会风气的助推器。

三、闻逆言而不怒

兽医知道很多智械机巧，但不屑于应用，因为这是违背兽医使命的事。但有些畜主，以为兽医一直在应用智械机巧，老是带着有色眼镜来看待兽医，常常无端地指责兽医。在很多畜主眼里，做个血常规、拍张 X 射线片就应该明确诊断出动物疾病，否则就是医术太差或过度医疗。疾病的诊疗如果一动机器就能得出准确诊断，那么兽医也不用经年累月地学习和实践了，兽医也就失去了它的魅力。面对畜主的无端指责，兽医只能一笑置之，辩解只能增加矛盾，生气徒然伤及自身。兽医最终只能逐步感化，让时间去消除这些不和谐的因素。在相当一部分畜主的观念里，动物只是手中的玩物、卑贱的生命，任何诊疗都不应该超过动物的购买价格。面对这样的畜主，兽医的任何解释都是苍白的，因为二者根本不在一个频道上。我总是一再强调：兽医是在挽救生命，而不是在比对价格。对生命与灵魂救赎的责任，要求兽医必须闻逆言而不怒。

四、处忙时而不乱

兽医的工作是忙，但要忙得有条理，不能忙得像无头的苍蝇，只见到处乱飞，不见任何成效。《菜根谭》中有这样两句话：君子闲时要有吃紧的心思，忙时要有悠闲的趣味。清闲时要有忧患意识，忙乱时要有放松的心情，这样才能做到张驰有度，劳逸结合，才能真正提高工作效率，才能真正缓解精神压力。闲时要多充电，以备不时之需；忙时要学会放松，为自己的身体和心灵减压。我作为兽医就是这样，闲时反而努力，如看标本、备课、查阅专业著作、阅读文学作品等；忙时则想方设法放松，如去跑步、去散步、去参加马拉松比赛等，让集聚的压力得到瞬间释放。若忙时紧张到崩溃，闲时放松到堕落，普通生活都难以为继，更别说压力倍增的兽医生活。生活原本是美好而有趣的，不能让工作的繁忙把自己打造成无情的机器，而要让生活把我们塑造成有血有肉、有情感的人。

五、完美名节分些与人

作为兽医，尤其是领头羊兽医，对于诊疗的功绩和光鲜的荣誉不能私自独吞，要归功于集体，归功于共同奋斗的人。完美名节分些与人是领群雄奋斗的基础，否则必然使团队离心离德，难以开创良好的局面。分名给别人，不但不会减少自己的荣誉，反而会放大自己的荣誉。分享给别人的荣誉，就如同存入了银行的钱，不但不失本，而且还有利息赚。相反，独享名利，就是吝啬鬼的钱罐，久而久之，必然众叛亲离。荣誉从来不是人生的独食，而是共享的晚餐。任何病例的治愈都是团队努力的结果，离开了护士，治疗效果会大打折扣；离开了化验室，诊断不可能准确；离开了前台，接诊不可能顺利；动物医院上至院长、科室主任，下至前台、保洁，没有通力的合作，就不会有满意的治疗效果。因此，治愈疾病的功劳，从来不专属于某个兽医，而是集体努力的结果；治愈疾病的成绩，从来不是兽医的专属，也是畜主和其他医护人员细心看护的结果。兽医及其相关工作人员，既要同分利润，也要共享荣誉，集体荣誉感才是团队奋斗的动力。

六、辱行污名引些归己

前面的章节曾经讲过，兽医随时随地都可能丢脸，都可能成为可笑的傻瓜，这个时候就要求兽医把"辱行污名"留给自己，而不是归咎于别人，迁怒于别人。须知，失败是兽医诊疗过程中的家常便饭，失败的原因不论出自哪个环节，都不能推得一干二净，要主动去分担一些责任。作为兽医，要保护周边的医护人员；作为教师，要保护实习的学生，诊疗失败不是自己直接造成的，就是指挥不当造成的，推责辩解无济于事。先将责任承担下来，后面再深入分析原因。有担当的兽医才是值得信赖的兽医，有担当的兽医才能组建优秀的医疗团队。辱行污名引些归己，非但不会玷污兽医的名声，反而能够成就兽医的高风亮节。

"兽医是人"贯穿于"兽医之道"这门课程，既然是人，就要有做人的操守。引用《菜根谭》中的名句，借以说明兽医的做人操守，既体现了人的通用价值，又反映了兽医的独特魅力。

第九节　坚守科学精神

坚守科学精神的内容和内涵主要包括四个方面，分别是发自内心的好奇、不畏艰险的探索、实事求是的态度和与人分享的胸怀。

一、发自内心的好奇

人的好奇心是与生俱来的，好奇心是推动科学发展的原始动力。莫名的疾病层出不穷，没有足够的好奇心，兽医就会视而不见，从而失去探索的动力与机会。科学进步的原始动力就在于人类永无休止的好奇，而兽医学是科学的一个分支，其进步也需要依赖发自内心的好奇。疾病发生的原因是什么？为什么出现如此古怪的症状？发病的机理是什么？为什么总在秋冬季节流行？怎么样才能正确诊断？如何才能精准治疗？怎样才能有效预防？这一连串的问题，都会成为兽医不断追寻疾病真相的动力。对动物疾病的探索永远没有句号，只有问号；对疾病真相的感慨永远没有句号，只有叹号。追寻疾病的本因，还原疾病的本真，既是兽医探索的动力，也是兽医奋斗的目标。发自内心的好奇，就是兽医潜藏在心底的动力。

二、不畏艰险的探索

说兽医是一个高风险的职业一点都不为过。风险的来源主要包括以下几个方面。第一，来自动物的攻击。狗咬、猫抓、牛踢、马踹、猪拱、羊顶、鸡啄、猴挠、羊驼喷，都可能存在。因此，兽医在诊疗过程中一方面要仔细检查，明察秋毫，另一方面要步步小心，时刻准备抵御攻击或转身逃跑。第二，来自人兽共患病的威胁。人兽共患病是指在脊椎动物与人类之间自然传播的、由共同的病原体引起的、流行病学上又有关联的一类疾病。人兽共患病既是畜禽的严重疾病，也是人类的烈性传染病，对公共卫生造成严重威胁。据统计，世界范围内已发现的人兽共患病有 181 种，其中细菌病 58 种，病毒病 56 种，寄生虫病 67 种。其中，最为有名、最为常见的是狂犬病，可防不可治，常常在社会上造成巨大恐慌。第一个"世界狂犬病日"是 2007 年 9 月 8 日，相关的各项活动获得里程碑式的成功，将全球的狂犬病预防和控制工作向前推进了一大步。后在国际狂犬病控制联盟的倡议下，世界卫生组织、世界动物卫生组织及美国疾病预防控制中心等共同发起，并做出决定，将每年的 9 月 28 日正式设立为世界狂犬病日。旨在广泛发动，群策群力，尽早消灭狂犬病。实际上，人兽共患病的数量远不止于此，还不断有新病出现。但是真的兽医不畏艰险，为了实现"同一个世界，同一个健康"的梦想，再艰难也要探索下去。

三、实事求是的态度

科学讲究的是实事求是，来不得半点虚假。作为兽医，在活生生的病例面前，任何的不实与不科学，都可能造成生命的缺失。科学来不得半点虚假，兽医也是科学，虚假的结果必然是草菅狗命。著名科学家袁隆平被尊为"世界杂交水稻之父"，解决了数亿人的吃饭问题，凭借的就是实事求是的态度。提到果子狸，大家就可能会想到 2003 年肆虐我国的"非典"。起初认为非典是果子狸传染给人的，因此出现大量伤害果子狸的行为。2013 年，中国科学院武汉病毒研究所研究员石正丽带领的国际研究团队分离到一株与 SARS 病毒高度同源的 SARS 样冠状病毒，进一步证实了中华菊头蝠是 SARS 病毒的源头。从此，才为饱受磨难的果子狸昭雪平反。由此可见，最初的认识毫无事实根据，就无端下结论，这不是实事求是的科学态度，是要不得的。科学研究要大胆探索，要详细记录，准确推断，谨慎求证，把实事求是的态度融入血液。在兽医界，可以说尊重事实就是尊重生命。

四、与人分享的胸怀

科学是无国界的，科学发现是要与人分享。兽医学科各个分科每年都要举行大量的学术研讨会，其目的就是为了加强成果分享与同行交流。每一名兽医都要为兽医学科的发展添砖加瓦，而不是闭门造车、故步自封。诊疗理念的分享、诊疗技术的交流，才能汇成兽医发展的滚滚洪流。那种守着祖传秘方不肯放手的兽医，最后都将被淘汰在历史的长河中。做兽医就要"无嗔无贪无情痴，有才有志有胸怀"。无嗔无贪无情痴，讲究的是自身修养；有才有志有胸怀，强调的是团队合作。胸怀有多大，容纳兽医诊疗技术和理念的空间就有多大。与人分享是科学精神的组成部分，兽医应当是科学精神的捍卫者，而非兽医学科发展的阻碍者。"手提利剑斩疾病，心怀爱心卫六畜"这就是兽医的胸怀，就是兽医要坚守的科学精神之一。

坚持科学精神，需要发自内心的好奇、不畏艰险的探索、实事求是的态度和与人分享的胸怀，其中，好奇是动力，探索是途径，态度是保证，胸怀是格局。兽医学是科学，从事兽医就是践行兽医学的知识与技能，必须要求有科学精神。

第十节　专业知识丰富

　　博学首先要求兽医有丰富的专业知识，而丰富的专业知识要求兽医不仅要知疾病，还要懂营养；不仅要晓行为，还要会管理；不仅要精专科，还要通全科。

一、知疾病

　　兽医是救治动物疾病，挽救动物生命的专业，因此必须知道各种动物的各种疾病。所谓知疾病就是要知道疾病的病因、流行特点、发病机理、临床症状、病理变化、诊断、治疗和预防等所有知识，让普通的动物疾病在兽医的知识范围内无所遁形。当然，作为兽医，不仅要熟知各种常见疾病，还要熟知一定数量的疑难杂症。曾经遇到这样三个病例，第一例是一只成年金毛犬，突然出现头肿眼迷的症状，兽医最终诊断为过敏，注射抗过敏药物后，症状马上得到控制。第二例是两头犊牛，骨骼变形，形象怪异，前肢呈内八字，后肢呈外八字，脊柱下弯，是典型的佝偻病特征。第三例是一只博美幼犬，左眼中滋生出一物，鲜红可爱，状如樱桃，是典型的第三眼睑增生。知疾病，不仅能够根据症状和化验结果判断出具体疾病，还应知道具体的病因和详细的防治之法。作为兽医，除了知道常见病的防治方法之法外，还要有自己最擅长治疗的疾病领域，这样才能在行业内竖起一座丰碑。知疾病中"知"不是简单地了解，而是深入地贯通。

二、懂营养

　　按道理说，动物营养不是兽医的专长，而是动物科学专业研究的领域。但是，现实情况是，不懂动物营养的兽医，不但在诊断时捉襟见肘，而且在治疗时缚手缚脚。疾病往往是营养不良或营养过剩的产物，没有过硬的营养知识，就不会有过硬的诊疗本领。疾病的恢复也需要营养的辅助，可以说均衡的营养是坚强的战斗堡垒，营养失衡，再强的免疫力也会失去屏障，成为致病因素狙击的活靶子。营养管理在疾病诊疗中的作用与地位日益凸显，对于伴侣动物营养，国外已有很多著作，但国内较为缺乏，还主要集中在猪禽牛羊上。对于病畜的营养管理，国内近乎空白。基于此，兽医在诊疗过程中必须承担半个营养师的责任与义务，否则疾病的治愈将会十分困难。懂营养不是简单地知道各种营养物质的作用，而是要深入地探明各种营养物质缺乏或过剩所致疾病的机理，以及在疾病康复中的作用。

三、晓行为

　　动物行为学在国内兽医教育中几近空白，但是动物行为对于兽医诊疗又十分重要，必须想方设法将这个短板补齐。健康动物的行为，异常行为的表现，都需要破译和解读。知晓动物的行为，就是通晓动物的语言；通晓动物的语言，就打通了生命救治的通道。动物何时安逸，何时紧张，何时敞开心扉，何时拒人千里，何时亲和友善，何时愤怒相向，这些兽医都要了解。不同的动物表现是不一样的，如察看动物是否有攻击性，主要看犬是否呲牙，马是否喷鼻，牛是否凝眸，驴是否脱缰，鹅是否伸颈，猪是否哼唧等。疾病时的行为也千差万别，如前腹部疼痛会出现"祈祷"姿势，呼吸困难会出现"犬坐"姿势，得狂犬病而疯狂，患破伤风而僵直。动物的异常行为，就是兽医辨别动物疾病的魔镜。知晓动物的行为与心理，才能从更高的层面来治疗疾病。

四、会管理

动物的饲养管理原本也是动物科学专业精熟的领域，但作为兽医，不但要知道，而且要精通。动物疾病的发生多数是管理不善造成的，因此，精通动物饲养管理，对于疾病诊疗常有事半功倍的效果。只有科学的管理才能造就健康的动物，否则就会埋下疾病的定时炸弹。曾经遇到这样三个病例，第一例是一匹马，唇鼻部皮肤脱落，诊断为感光过敏。感光过敏发生需要三个条件，一是吃了富含光能剂的饲料，二是经过了日光的照射，三是动物皮肤为白色或浅色。这实际上是一种中毒性疾病，主要原因是吃了富含光能剂的饲料，而动物吃下去这种有毒饲料肯定是管理不善造成的。第二例是一头牛，眼睛周围被毛褪色，俗称"铜眼镜"，就是因铜缺乏而导致眼眶周围的被毛褪色，远远看上去，牛像带了一副眼镜，因此得名。铜这种元素为什么会缺乏？也是饲养管理问题。第三例是一群小鸡，双趾向内屈曲，这是典型的维生素 B_2 缺乏症。维生素 B_2 为什么会缺乏？还是饲养管理问题。形形色色的疾病，实际上是管理不善导致的营养问题、行为问题、寄生虫侵袭问题和疫病传染等问题。管理不仅是动物科学专业的专利，也是兽医有效防治疾病的关键。

五、通全科

兽医全科是指大部分动物的全科，即天上飞的、地下跑的、水里游的、洞里钻的动物，都能进行诊疗；外科、内科、产科、眼科、骨科、传染病等，统统都能应付。兽医通常都是全科教育，考取的也是兽医全科类执业兽医资格证，因此需要深厚的基础。考执业兽医师资格证的人大多会选择一套叫《执业兽医资格考试应试指南》的参考书，从书的厚度，我们就知道兽医全科类的难度。实际上，这套复习材料也只是基础，实际诊疗所需的知识远远超过这两本书的厚度，再厚都不为过。有了全科的基础与眼界，才能更好地选择专科加以发展。通全科，一是为了应对实际诊疗的需要，二是为了日后精专科打好基础。

博学的第一个要求是专业知识丰富，专业知识丰富了，才能驾驭各种动物的各种疾病诊疗。专业知识丰富主要体现在以下几个方面：知疾病、懂营养、晓行为、会管理、通全科。那么，专业知识丰富了在技术上就一定能够做一名合格的兽医吗？显然不能够。除了专业外，还要知道兽医学科以外的相关科学知识。

第十一节　科学知识丰富

动物医学专业培养的是全科兽医，而全科兽医要求不但要有全面的专业知识，而且还要有丰富的其他科学知识。科学知识丰富包括四个方面的内容，分别是知天文、晓地理、识植物和辨食物。

一、知天文

疾病与气候之间存在着很大的关联，气候变暖增加虫媒传染病的发病率；气候变冷增加消化系统和呼吸系统疾病发生的比例。所谓虫媒传染病，是由病媒生物传播的自然疫源性疾病，常见的有流行性乙型脑炎、鼠疫、莱姆病、疟疾、登革热等危害性较强的传染病。常见的病媒昆虫有蚊子、苍蝇、蟑螂、臭虫、虱子、跳蚤、蚂蚁等。犬心丝虫病是蚊子传播的，犬巴贝斯虫病是由蜱传播的。我国对气候变化与人畜健康的认识很早，两千多年前的《黄帝内经》一书，几乎用了近1/3的篇幅论及气候对人健康和疾病的关系。关于气候与动物体健康问题，研究也非常早。公元1608年刻的《元亨疗马集》用大量的文字阐述畜体健康与气候的关系。阳光充足可能发生感光过敏，阴雨连绵可能出现霉菌中毒，漫天雾霾可能引发呼吸系统疾病，长期湿热可能导致动物中暑。有这样一个病例，畜主在炎热天气遛狗，为防止狗乱叫、乱吃、乱咬人，给狗带上了嘴套。结果遛完狗，就发现狗出现不适，带到动物医院左检查右检查找不到病因，最后还是通过问诊得出了诊断。这只狗发生了中暑，一是当时天气炎热，二是畜主套住了狗嘴，影响了狗吐舌头，而吐舌头是狗散热的主要方式。由此可见，通晓天气，通晓动物行为，对疾病诊断有着重要意义。

二、晓地理

地理环境不同，致病因素各异。不同的地域流行不同的疾病，兽医不但要熟悉普通的地理知识，还要通晓各类疾病的地区分布。如北方草场辽阔，多发毒草中毒；南方湿热，多发霉菌毒素中毒。刚才讲过，气候与疾病存在很大关系，而不同的地理位置，其气候迥然不同。曾经遇到这样一个病例，一只犬在一次外出后出现跛行，兽医检查后发现关节肿胀，但在追寻进一步的病因时，却一筹莫展。后来在身体检查时，发现狗的身上有一只正在吸血的蜱，进一步问诊后得知，狗最近刚随主人去过森林。于是，兽医得到了启发，采血化验，在显微镜下看到了一种螺旋体样微生物，因此得出了准确的诊断。该犬患的是莱姆病，一种由蜱传播的细菌性疾病，主要症状是跛行和关节疼痛。若不知天文、不晓地理，这个病是很难诊断出来的。当前世界是流动、流通的世界，细菌、病毒虽然未生翅膀，但可以借助人的流动和商品的流通进行传播，非洲猪瘟就是很好的例子。动物来自哪里，就可能携带当地流行的病原。因此，不晓地理就会在兽医临床诊疗中存在盲区。

三、识植物

在兽医的诊疗对象中，多数是草食动物或杂食动物，因此植物引发的疾病比比皆是。人们常说病从口入，动物也不例外。长期食用某些植物就可能导致中毒，就可能引起某些营养物质缺乏。植物是畜牧兽医事业发展的关键，有的植物可以作为饲料，而有的植物就可能成为致命的毒物，因此要仔细辨别，因为形态相似的植物其功效可能有天壤之别。如金银花和钩吻，在某一特定的时期，外形极其相似。金银花可能金花和银花并存，而钩吻单单是金花，原本容易区分，但在特定的时期，就容易混淆。金银花初开为白，一二日后，转为金黄色，这时就与钩吻十分相似，外行是很难区分的。有一所大学，一个宿舍的女生上山游玩，看见金黄可爱的金银花就采了些回去泡水喝。结果，采摘的是钩吻，最终导致了中毒事件。钩吻俗称断肠草，采食之后是会肚子疼的，严重者直接威胁到生命。这个故事告诉我们，辨识植物很重要，不然就得不出准确的诊断。羊有一种中毒病叫萱草根中毒，中毒后会出现双目失明，在西北草原上十分流行，但起初人们根本不知道是萱草导致的，经过了十几年的调查、研究，最终才得以确诊。因此，认识植物、研究植物、了解植物的毒性及毒性成分，对于动物疾病诊断有着重要的意义。

四、辨食物

不同动物，其食物是不同的，不能拿人的食物喜好硬套给动物，也不能拿这种动物的食物喜好照搬给另一种动物。有时候，人类的美味可能会是动物的致命毒药。如葱爆羊肉，对人来说，可能是改善伙食的好菜，但对于狗来说却是致命的毒药。有一次，一只狗前来就诊，排血尿，检查狗的泌尿系统也未见异常，后来在与畜主交谈的过程中得知，该狗在发病前吃过半盘葱爆羊肉。吃羊肉应该没事儿，因为狗毕竟是狼的后代，多少有些吃羊情结。其中的关键是菜里面的葱，不论是大葱还是洋葱，狗一吃就会中毒。因为洋葱或大葱中有一种毒性成分能够破坏红细胞，导致红细胞破裂，也就是医学上通常所说的溶血。动物发生溶血就会出现血红蛋白尿。有时候，人类的爱怜可能成为埋葬动物的坟墓；有时候，人类乐于分享的美德可能成为终身悔恨的种子。为什么？就是因为人类缺乏必要的食物知识。但作为专业的兽医，不能不辨食物，否则诊疗将无以为继。人类喜欢的巧克力、葡萄、酒，都是狗绝对不能接触的食物，否则必然危及性命。

除了动物疾病知识外，兽医还要懂得很多科学知识，所谓上知天文、下晓地理，在兽医临床诊疗中同样适用。科学知识丰富远不止我们探讨的这四个方面，应涵盖所有的科学知识。知识越丰富，对疾病诊疗的帮助就越大。若说专业知识是动物疾病诊疗的主力，那么丰富的科学知识就是动物疾病诊疗的帮手。

第十二节　人文知识丰富

对疾病诊疗有帮助的不仅是科学知识，人文知识也很重要。人文知识包含五个方面的内容，分别为历史是借鉴、哲学是指导、文学是熏陶、政治是导向和语言是武器。

一、历史是借鉴

历史是面镜子，阅读历史就是照镜子的过程，可以提前发现我们脸上的污点。对于做人、做事是这样，对于疾病诊疗也不例外。屠呦呦从医史文献中发现了青蒿素，就此开启了治疗疟疾的新篇章。中国历史悠久，文化灿烂，阅读历史对做人之道、为医之道都有着重要作用。历史是数千年经验的总结，阅读历史、借鉴历史，能够为我们指引正确的道路。我国正史就有 25 部，卷帙浩繁，还有很多农业领域的书籍，都可作为参考。古人防治狂犬病就有很一套。据葛洪《肘后备急方》中记载，如果被狗咬了，在不确定是否会患狂犬病的情况下，如果想万无一失，就把狗脑取出，其中会有抑制狂犬病毒的物质，以毒攻毒。据说，在国外人被狗咬后，打不打疫苗视狗的具体情况而定。如果狗的狂犬疫苗免疫完善，不用紧急接种；若狗的免疫情况不明，则取狗脑，拿去检验，狗感染了狂犬病，人需要紧急接种，否则大可坐视不理。古人的智慧与今人的做法不谋而合，说明历史是一面很好的镜子。

二、哲学是指导

兽医学是医学，医学是科学，科学是在哲学思想指导下对世界的探索。哲学可为一切科学提供指导，任何事物都脱离不了哲学的范畴，兽医学就是在哲学思想指导下的具体应用。因此，兽医行医，非但不能脱离哲学，反而要依赖哲学的指导进行深入的研究和探讨。中兽医学受中国哲学的指导，西方兽医学受西方哲学的指导，实际上无论做人、做事、做兽医，都离不开哲学的指导。因此，要大量阅读哲学著作，尤其是医学哲学的著作，对兽医临床诊疗有着重要的意义。冯友兰是中国当代的哲学大家，所著的《中国哲学简史》是中国哲学史研究方面的重要著作，西方有更多的哲学著作，都值得我们去学习和借鉴。兽医不一定要成为哲学家，但一定要在哲学思想指导下工作，不断开拓创新，为兽医学的发展注入新的活力。

三、文学是熏陶

优秀的文学作品具有强劲的生命力，对人品质和思想的影响是潜移默化的，是积极向上的。文学作品中记述的故事，常常能为我们疾病诊疗提供参考。以吉米·哈利的兽医小说为例，多篇诊疗故事为我的临床诊疗提供了思路，如假孕、髋关节脱位的整复、突发怪病的"招财猫"等。其他小说如《霍乱时期的爱情》开篇，弥漫的苦杏仁味，让我更加清晰地认识了氢氰酸中毒；《射雕英雄传》让我认识到口蹄疫原来早有其病。其他文学作品，即使没有任何疾病诊疗故事，也会对我们的人生产生积极的作用。文学作品的魅力只可意会，不可言传，文学作品的影响是润物无声的，积累到一定程度就会爆发出思想的火花，对动物疾病的诊疗起到积极的作用。坚持阅读文学作品，甚至创作文学作品，思维会更活跃，思考能力会更强，而这些显然会对临床诊疗产生积极的影响。兽医是科学，但也需要文学的滋养。

四、政治是导向

做兽医也如同教育，要知道做什么样的兽医，怎样做兽医，为谁做兽医。坚持正确的政治方向是兽医存在与发展的基础。兽医也是社会主义的建设者，是动物健康的维护者和人类发展的保障者。兽医除了做人的基本品质和做兽医的基本道德之外，还要在政治素质上过硬，秉承社会主义核心价值观，增强四个意识，坚定四个自信，做到两个维护，在中华大地上谱写一首首壮美的兽医之歌。"政治意识、大局意识、核心意识、看齐意识"，兽医不但要有，而且要作出自己的职业特色，明白什么是兽医的大局，什么是兽医的核心，怎样向先进的兽医技能和兽医文化看齐。"道路自信、理论自信、制度自信、文化自信"，兽医不但要有普通中国人的自信，还要有专业上的自信。坚持社会主义核心价值观，在兽医工作中落实"爱国、敬业、诚信、友善"，为进一步创建"富强、民主、文明、和谐、自由、平等、公正、法制"的社会贡献自己的力量。政治导向是兽医的服务导向，是兽医人生目标的导向，是兽医人生理想的导向。

五、语言是武器

语言文字的功能就是阅读、表达与交流，良好的语言能力是学习兽医的有力武器。当前，中小学语文被推至前所未有的高度，要求国人学好语文，以便传承中华文化，以便为今后的发展奠定重要基础。至今，我仍记得中学的一篇课文叫《谈学好语文》，作者是我国著名的数学家苏步青。数学家都要学好语文，我们从事其他学科的人又岂能例外！语言分为口语和书面语，无论哪一种都至关重要。学不好语文就失去了学好其他一切的基础，没有语言文字的阅读与表达，一切交流都是无效的。而兽医是一个需要交流与沟通的专业，因此，必须用好语言这个武器。语言不仅仅指的是中文，还包含英语等其他语种，掌握了中英两种语言就学会了两条腿走路。

人文知识在临床诊疗中可能不起主要作用，或者根本看不到它的作用。但人文知识一定是有用的，只不过这种有用有时候看不见、摸不着，从而忽略了它的存在。实际上，动物疾病的发生不仅仅是自然科学中所涉及的因素，还包括人文环境的改变。是生命体就有捕捉环境信号的本能，这种环境信号包括人文环境。

第十三节　沟通知识丰富

沟通知识丰富主要包含四方面的内容：一切误会与争端都源于沟通不畅、沟通是专业型兽医最需要的技能、问诊是专业范围内的沟通和沟通是最好的经营。

一、一切误会与争端都源于沟通不畅

兽医最需要沟通，尤其是与畜主的沟通。因为，兽医与动物的沟通是有限的，只能转而与畜主沟通，但畜主毕竟不是动物本身，因此，这种传话筒式沟通就可能存在较多的误解。误解一旦产生，就可能导致不必要的争端。沟通不畅是导致争端的主要原因。其实，对于问题的看法我们都会犯盲人摸象的错误。各持己见，都不跳出来去纵观全局，争端是必然的。要想减少或消除争端，双方必须本着为动物减轻病痛的态度，开诚布公地交换意见，最好不要带有主观感情，甚至恶意隐瞒。兽医从专业的角度解释，畜主从法律的角度试探，注定诊疗工作难以有效开展。兽医和畜主都要有开阔的眼界，即使没有很宽的眼界，但只要把整个大象摸一遍，靠思考推理也能形成整体印象。但这一前提是大家都要冷静下来换位思考，有效沟通，争取把争端扼杀在萌芽状态。

二、沟通是专业型兽医最需要的技能

因为兽医的业务繁重，时间有限，大部分兽医在沟通上有所欠缺。对于沟通，兽医容易走向两个极端，一是简单粗暴，二是婆婆妈妈、絮絮叨叨。缄默不言的兽医，尽管技术很好，但常给人拒人千里之外的感觉，不能给畜主很好的诊疗体验。如唐僧般絮絮叨叨的兽医，也不是沟通的好方式，容易偏离问题的本质。越是专业的兽医可能越缺乏沟通的时间与技巧，但现实的要求是越专业越要去沟通，因为精深的专业解读最可能化解畜主心里的坚冰。对此，我看国内已有一些兽医培训机构邀请了部分国外专家进行病史问诊和病情沟通技巧方面的培训。相信，沟通这门精深的学问一定会发展成兽医的必修课，让兽医在专业的身体上插上飞翔的翅膀。

三、问诊是专业范围内的沟通

问诊是临床检查的基本方法，其实质就是沟通，根据病情有选择地、有效地沟通。动物发病的时间、地点、临床表现、是否治疗过、治疗效果如何、饲养管理情况怎样、免疫驱虫情况如何等，都是兽医要与畜主交流的问题。在交流过程中，一方面要过滤有用的信息，另一方面还要甄别主诉的真实性。问诊是基于动物病情与畜主进行的沟通，沟通越流畅，搜集到的有效信息越多，对诊断的参考就越有效。曾经遇到一个病例，是一只小泰迪，主诉狗刚才发生了抽搐，好像人的羊癫疯。羊癫疯用专业术语表述就是癫痫，在临床上犬发生癫痫通常都与犬瘟热有关。我们为犬进行了犬瘟热抗原检测，阴性。也检查了一些其他方面的指标，但均未得到有效的诊断数据。最后，还是通过交流得到了诊断思路。每天只喂几颗狗粮？抽搐？莫非小狗患了低血糖？于是，我让学生给小狗灌服了20毫升高渗葡萄糖，十分钟后，小狗下地跑了。所以说很多病因既不是临床检查查出来的，也不是高端设备化验出来的，而是通过有效沟通问出来的。问诊就是基于专业的有效沟通。由此可见，沟通是疾病诊断的重要组成部分，而问诊是最廉价但最有效的诊断方法。

四、沟通是最好的经营

应用专业知识说服畜主，通过人文关怀感化畜主，不仅能够让诊疗得以顺利实施，还能在服务上得到畜主的信任。带动物前来就诊的畜主，与其说动物病了，不如说畜主心里打结了。因此，兽医的首要任务不是救治病畜，而是化解畜主存在的疑虑。畜主有各种类型，要依据畜主的性格实时改变沟通策略，才能做到有的放矢。动物医院经营的成败一半来自技术与设备，一半来自有效沟通。大型的动物医院都设有技术院长和行政院长两个职位，技术院长主要负责专业上的事务，而行政院长主要负责与各种人进行沟通，这是很好的分工，极大地减轻了兽医的负担。但却不是最好的方法，最理想的情形是兽医身兼技术与沟通两大才能，从专业上立得住根，从沟通上站得住脚。良好的沟通可为畜主提供良好的就诊体验，而畜主对就诊的良好体验就是动物医院最好的经营。

一切误会与争端都源于沟通不畅，因此沟通是专业型兽医最需要的技能。沟通其实无时不有、无处不在，因为问诊就是基于专业诊疗上的沟通，沟通好了就是动物医院最好的经营。要想沟通畅通，兽医在知识储备与个人修养上都要达到一定层次和水平。

第十四节　爱动物

沟通知识丰富、人文知识丰富、科学知识丰富和专业知识丰富是博学的主要内容。那么，博爱呢？要想实现博爱，兽医首先要爱动物，其次要爱畜主，再者要爱职业，最后要爱世界。本节主要来探讨爱动物的内涵与意义，包含四个方面的内容，分别是兽医救治的是生命、兽医奉献的是爱心、兽医承受的是脏累和兽医得到的是永恒。

一、兽医救治的是生命

兽医爱动物应该像爱惜自己或爱惜自己的孩子一样，将生命视为平等的化身。在执业范围内，一切生命都是我们救治的对象，不能有丝毫的推脱，不能有随意的放弃。动物不论贵贱，在兽医眼里，都是生命。动物是有价的，但生命是无价的，无价的生命就需要用全部爱心去温暖。我们不去与畜主斤斤计较，因为我们救治的是生命，而不是具体的动物。曾经遇到这样一个病例，一只腊肠犬因胰腺功能失调，激素分泌不足，而出现脱毛、消瘦。用胰岛素治疗一月后，健康得以恢复。动物恢复健康之日，就是兽医成就感达到顶峰之时。在与疾病对抗、在与死神作斗争时，动物就是生命的信念始终坚持在兽医心里。疾病越是复杂，兽医越是用心，在疾病诊疗探索的征程里，兽医永远不会止步，永远不计代价。

二、兽医奉献的是爱心

生命需要爱心的呵护，对待每一个病例，兽医都需要全身心投入，没爱心的兽医只是披着仁心外衣的假兽医。现在社会上，确实有很多人投入到了兽医行业，他们既没有挽救动物生命的初心，也没有保护人类发展的理想，心里想的只是赚钱。若把这一部人也叫作兽医，那是对兽医极度的贬低。既无专业基础，又无行医执照，还无医者仁心，却冠冕堂皇地混迹于兽医行业，是对国家执业兽医制度的严重破坏，是对兽医形象的严重损害。"疾病的治愈一半靠医术，一半靠爱心，没有责任心，再高的医术也是徒劳，爱心是医术的基础。"我经常这样教导学生。不是光靠医术就能治愈疾病，就能取得畜主信任的，应该将爱心播撒到每一个诊疗环节。每当有住院的病例，我都是早晚探视，关注着动物的一举一动。我们不可能100%拯救动物，但我们可以100%用爱心去呵护动物，实在无力回天，也算尽到了我们兽医的责任。例如有一只患犬，口腔黏膜苍白，很显然这是贫血的征兆。但为什么会贫血？随后给狗洗了个澡，发现洗澡水变成了红色，说明皮肤有出血之处，此时的贫血应为出血性贫血。皮肤为什么会出血？进一步探究之后，发现是大量蜱虫的叮咬。兽医若无爱心，怎么能够发现疾病的真正原因？贫血治疗固然要补血，但那是一种扬汤止沸的做法，找到失血的原因并予以清除病因才是釜底抽薪的医治良方。爱心既是诊断疾病的一种方法，也是治疗疾病的一种手段。

三、兽医承受的是脏累

兽医的工作环境是由动物决定的，动物在哪里，兽医就得去哪里。圈舍中常常是粪土飞扬、气味扑鼻，沾染到衣服上，久久不能散去。青储饲料的酸味和动物屎尿的腥臊味就是兽医特殊的烙印，只要微风拂动，外行人老远就能识别出来。再者，兽医是与动物对抗的职业，不是每个动物都温顺，不是每个动物病的起不了身，相当数量的动物兼具躲闪与攻击性。记得前一段时间，为一只猫测量体温。由于猫太紧张，反抗比较强烈，挣扎中将我手中的体温计碰到地上，摔得粉碎。当然，这还不是最糟糕的，最要命的是猫因紧张撒了一泡尿，高高地射起，溅得我满头满脸都是，我还要强作欢颜地对畜主说："没事！没事！"摔碎的体温计自己承担，溅在头脸上的尿自己拭去，还要安慰畜主，抚慰动物。实际上兽医艰辛生活中的种种插曲，充其量是茶余饭后的谈资，根本不值得大惊小怪。兽医的脏累是客观存在的，但是在责任、使命与爱心面前，统统都是上不了台面的问题，只能作为兽医互相打趣的笑料。兽医生活在动物吃喝拉撒的怪味之中，但早已习惯了、喜欢上了这种气味，因为这才是鲜活生命本应该散发出来的气味，这才是最接地气的气味。

四、兽医得到的是永恒

生命需要救治、爱心需要奉献、脏累需要承受，做到了上述三点，兽医就能得到救死扶伤的永恒。兽医日常生活中做的都是小事，但挽救生命的精神却是伟大的；任何一名兽医从事的工作，在历史的长河中都是刹那的，但留给这个世界的博爱却是永恒的。世界上最伟大兽医吉米·哈利的小说《万物刹那又永恒》，单从书名上来讲，说的就是这个意思。曾经遇到这样一个病例，肩胛骨高高耸起，像封神榜中的雷震子。这是典型的"翼状肩胛骨"，是因硒缺乏而导致的白肌病的典型症状。最初见到这几头牛时，管理员说可能是下山时因重力作用而扭伤的。但从专业的角度判断，管理员怀疑的病因绝不是真正的病因。后来，事实证明，我们的判断是正确的，通过补硒，该病得到了有效控制。任何疾病的治愈，都是兽医得到的永恒。

兽医的博爱精神首先能体现在爱动物，不喜爱动物的人首先就失去了做兽医的基础。盛彤笙曾说过："我们相信要发扬伟大的人类爱，首先应从保护家畜开始。"兽医救治的是生命、兽医奉献的是爱心、兽医承受的是脏累、兽医得到的是永恒。作为兽医，我们一定要遵守盛彤笙先生提出的兽医学院信条，从保护家畜开始，践行博爱的兽医精神。

第十五节　爱畜主

爱畜主是爱动物的延伸，主要包含四个方面的内容，分别是服务动物就是服务畜主、挽救宠物生命就是挽救畜主的生命、对动物的耐心就是对畜主的爱心和救治动物生命就是救治畜主灵魂。

一、服务动物就是服务畜主

兽医具有双重服务对象，明里是动物，实则是畜主，兽医是通过服务动物来服务人的。虽然我们经常说治愈动物就是对兽医工作的最大肯定，但实际上肯定兽医工作的是人，给兽医提供报酬的也是人。兽医的工作具有双重性，一是挽救动物的生命、保护动物健康，二是抚慰畜主的心灵。

二、挽救宠物生命就是挽救畜主生命

对于爱宠物人士来讲，宠物的命就如同他自己的生命，可以说挽救宠物生命就是挽救畜主生命。在当下社会，宠物已经成为重要的家庭成员，不论男女老幼，都需要宠物的陪伴，宠物的忠诚填补了当代家庭成员远离或缺失的空白。我曾多次见过畜主面对爱犬的逝去，痛哭流涕、痛不欲生；我曾多次见过很多很多畜主宁可自己不吃饭，也要给爱宠买最好的零食；我也曾见过很多畜主在宠物瘫痪的情况下，依然不离不弃，照顾着宠物的余生。对于这类畜主而言，宠物的命就相当于是他自己的命，甚至高于他自己的命。人与动物之间的感情在这样的畜主和宠物之间体现得淋漓尽致。人的一生可能不止养一只宠物，但宠物的一生通常却只能遇到一个畜主，因此畜主必须尽可能善待宠物，因为畜主就是它的全部。善待动物是世界所需要的，是人类博爱精神的体现。曾经遇到这样一个病例，通

过 X 射线检查和腹腔探查，发现犬的大部分肠管已经坏死，失去了治疗的价值，最终只能安乐死。对于这样的病例，兽医是无能为力的，只能期待畜主早些带来就诊，早些确定病因，早些治疗。爱护动物应从及时就诊开始。

三、对动物的耐心就是对畜主的爱心

动物就如同人类的儿时，活泼、天真、可爱，但难以控制，一旦生病让畜主操碎了心。兽医在诊疗动物疾病时要有相当的耐心，还要有相当的小心，因为动物很难按照兽医的意愿接受治疗，而且具有攻击性。如细小病毒病例，一会儿呕吐，一会儿腹泻，将诊疗室弄的脏乱不堪，但兽医依然要保持最大限度的耐心，该清理屎尿清理屎尿，该陪伴输液陪伴输液，该出去牵遛出去牵遛，不能有一丝的失控。狗的智商本不如人，一只两个月大的狗，除了耐心对待以外，你还能要求什么？对动物付出的耐心会间接转化成对畜主的爱心，对畜主的爱心会成就兽医的博爱之心。其实，畜主的种类不比疾病的种类少多少，兽医若一一照顾到每一个人，就不用为动物看病了，光是照顾畜主的心情就会疲惫不堪。实际上，兽医大可不必，兽医只需要用统一的仁爱之心去照顾动物即可，没必要顾虑太多。爱畜主主要是通过爱动物实现的，而不是主次不分。

四、救治动物生命就是救治畜主灵魂

畜主养动物就是为了精神有所寄托，不至于飘荡在空中。因此，动物一旦生病，畜主的精神就失去了依托。因此，从某种意义上讲，挽救了动物的生命，就是挽救了畜主的灵魂。曾经遇到过两个病例：第一例是一只叫小黑的拉布拉多，当时来就诊时，脖子上缠着绷带，因为有一个化脓创。化脓创属于最基本的外科病，本不足虑，要命的是它还患有犬瘟热。好在通过一周的治疗，获得了痊愈。第二例是一只叫奔奔的萨摩耶，先后患过细小病毒病、氨基糖胺类药物中毒以及一些不知名的疾病，在我们教学动物医院治疗了很久，险些让我们失去救治的信心。该犬最后一直存活，除了体形较小外，一切指标均正常。只要狗还活着，畜主就能得到心灵的慰藉。

爱畜主是爱动物的延伸，是爱屋及乌的具体表现。

第十六节　爱职业

爱职业主要包括三个方面，分别是将兽医职业升格为兽医事业，将毕生精力奉献给兽医事业和将全部爱好依托于兽医事业。

一、将兽医职业升格为兽医事业

兽医这个职业，无论在技术层面，还是在精神层面都值得去追求。技术上不断进步，精神上不断升华，服务上不断提升，将生命的全部奉献给兽医事业。既然把兽医当成是一生的事业，就会将自己的所有才能都发挥在兽医事业中。例如牛胃的检查，就可以将自己的爱好与特长运用其中。牛四个胃的位置不同、形态各异，其功能也不同。功能不同发生的疾病就不同，发生的疾病不同其检查方法就不同。为了区分四个胃的特点和常发疾病，我在内容讲解之前，先念四句定场诗："瘤胃大发易扩张，网胃低小爱受伤。瓣胃居中常堵塞，皱胃居后变位忙。"稍微解释一下：瘤胃体积最大，其主要功能是发酵食物，因此最容易发生瘤胃臌气和瘤胃积食这样的扩张性疾病；网胃位置最低、体积最小、收缩最剧烈，因此最容易发生创伤性心包炎，所以称为爱受伤；瓣胃居中，处于食物通过的要塞，最容易发生阻塞；皱胃位置最靠后，游离性很大，因此最容易发生变位。把兽医当成事业，即使做最脏累的检查，也要有诗意。兽医不是什么人都能选择的，能够选择兽医的人必定是有仁心、有胸怀、有才能、有志向、爱挑战、能奉献的人。

二、将毕生精力奉献给兽医事业

既然从事这个职业，就应该喜欢这个职业；既然喜欢这个职业，就应该当成一生为之奋斗的事业。兽医事业永无止境，从基础兽医，到预防兽医，再到临床兽医，任意一个方向，任意一个研究点都值得用一生的精力去研究。例如现代的动物解剖塑化标本，想暴露什么器官就可以暴露什么器官，使教学变得直观化和情景化。兽医中最基本的解剖学都能做到不断完善，精益求精，更何况是其他呢？选择了兽医事业，选择了兴趣方向，就应该深入研究，努力挖掘，做出自己的特色。解剖学可以深入研究，其他学科如组织胚胎学、生理学、生物化学、微生物学、免疫学、药理学、病理学和诊断学等都可以深入研究。除了兽医学科上的各个研究方向外，兽医文学、兽医哲学、兽医史、兽医文化、兽医教育等均可以作为研究对象。将毕生精力奉献给兽医事业，就是将自己所有的热情与才能都倾注到兽医事业上，为推进兽医事业贡献力量。

三、将全部爱好依托于兽医事业

以本人为例，因为深深地热爱着兽医事业，因此，将自己的全部爱好或才能奉献给了兽医事业。爱好写作，可以推广兽医。我一直喜欢练笔，喜欢写作，自从接触了兽医专业之后，就将自己的全部写作热情转到了兽医上，首部兽医散文集《灵魂的歌声》的出版，就是很好的证明。今后将进一步推进兽医文学"四化"，即动物疾病散文化、诊疗经历小说化、诊疗要点诗词化和人生感悟语录化。爱好读书，可以引导学习。这里的引导主要是对动物医学专业学生的引导，使他们爱上读书，将读书视为生命中最重要的部分。爱好绳结，可以保定动物。自幼喜欢绳结，大学时自学过绳结，工作后上过关于绳结的公选课，目前在兽医临床诊断课程实验中教授绳结，让学生学会保定动物的技能。爱好算盘，可以计分算账。小学到中学，一直没有丢掉珠算的技能，没想到如今派上了大用场。学生考完试，我可以用来算分；动物医院收的诊疗费，我可以用来算账。算盘及打算盘的技能，没有一丝一毫的浪费。爱好跑步，可以带领锻炼。在跑步锻炼上，我一直是学生的领路人，很多学生因受我的影响而开始跑步锻炼，从而开启了他们自己的早起计划和锻炼计划。爱好诗词，可以提炼总结。很多症状上的特点，诊疗中的程序，都可以用诗词来概括。如在描述浆液性鼻液和黏液性鼻液时，我采用了一副对联："浆液无色形如水，黏液灰白状似粥。"从颜色到形态都做了很好的比较，学生很容易记住。爱好创新，可以专注改革。在教学改革上，我一直不遗余力，像"两竞赛一讲堂"和兽医人才培养的"七怪"模式，都是人才培养中的创新。爱好古文，可以诠释兽医。在兽医文学的古文情结中已经讲过，文言文简洁、传神，可以用来记录病例，可以用来表达情感。总而言之，自己的一切爱好都可以依托于兽医事业，都可以在兽医事业中得到充分的发挥。

作为兽医就要热爱自己的职业，因为这是一个无可比拟的职业，不但对得起动物的生命，还对得起人类心灵；不但维护了动物繁衍，还保护了人类发展。爱职业就要将兽医职业升格为兽医事业，就要将毕生精力奉献给兽医事业，就要将全部爱好依托于兽医事业。兽医从爱动物开始，由爱动物延伸至爱畜主，由爱畜主上升至爱职业，由爱职业拓展至终极目标——爱世界。

第十七节　爱世界

爱世界主要包括四个方面，分别是爱生活就是爱世界、爱环境就是爱世界、爱健康就是爱世界和爱奋斗就是爱世界。

一、爱生活就是爱世界

生活是美好的，但只有活着才能体会生活之美。蓬勃朝阳，沧桑落日，都是美丽的景象。吉米·哈利常常在这个时候独立山头或独卧草地，感受上苍的恩赐。这个世界原本是美好的，只因有了生老病死，才有了悲伤。别的，兽医管不了，但在动物的生死上，兽医就是天使。兽医是挽救动物生命、医治人类情感创伤的人，这样的人毫无疑问是热爱生活的，而且通过热爱生活实现了对世界的热爱。生活中的琐碎，诊疗中的艰辛，在热爱生活人的眼中，只是生活的调料。虽然艰辛是兽医生活的主旋律，但艰辛也只是生活的一种，没有这种艰辛的生活，就没有充满爱心的世界。

二、爱环境就是爱世界

美好的世界首先要有美好的环境，美好的环境能够带给人美好的心情，有美好的心情才能创造出和谐的世界。保护人类环境也是兽医职责之一。不让动物忍受病痛，不让疫病四处扩散、不让药物恣意留存、不让肉品安全失衡，这些都是热爱环境的表现。环境污染、环境破坏可引发多种疾病，治理污染就是治疗疾病，因此，兽医最不希望看到环境的恶化。小动物的呆萌，大动物的驰骋，都是环境好的体现。兽医是美好动物环境的创造者之一，动物健康了，人类就健康；人类健康了，世界就健康。

三、爱健康就是爱世界

兽医是动物健康的守护神。为了保证动物健康，兽医首先必须保证自己的健康。为了兽医的健康，生活在可能的范围内尽量规律，坚守作息时间，保证早睡早起；坚持锻炼身体，保证心情舒畅。健康包括身体健康和心态健康。强健的体魄是兽医必须的，这在前面的章节已经阐述过。健康的心态也是兽医必须的，否则就应对不了动物的生死，就应对不了日益复杂的诊疗工作。兽医自身的健康是对动物的负责，是对美好世界的负责。"同一个世界，同一个健康"。兽医健健康康，不为世界添乱，就已经为世界做出了贡献。若再能利用强健的体魄，去拯救更多的生命，就进一步扩大了贡献。兽医的健康是一种形象，是为世界健康做出的表率。

四、爱奋斗就是爱世界

奋斗的青春最美丽，奋斗的人生最美丽，奋斗的世界最美丽。兽医的使命与责任，要求兽医不得不去努力奋斗，努力奋斗才是对美好世界的最好回报。兽医有自己的理想，有自己的目标，自然就有奋斗的动力。早起锻炼，是对身体健康的奋斗；晚睡思考，是对人生的奋斗；牛羊圈舍出诊，是对工作的奋斗；动物医院坚守，是对生命的奋斗。勤学本领，积极向上，兽医的奋斗永远在路上，兽医精神的践行永远在路上。

要想爱世界，就要爱生活、爱环境、爱健康、爱奋斗。一个热爱世界的人，就真正地做到了博爱。"坚持、坚守、博学、博爱"这就是兽医精神的全部，坚持才能博学，坚守才能博爱，其中坚持和坚守是兽医的内在品质，博学和博爱是兽医的外延才德。坚持，要坚持什么？坚持学习、坚持实践、坚持交流和坚持思考。坚守，要坚守什么？坚守职业道德、坚守工作岗位、坚守做人操守和坚守科学精神。博学，怎样才算博学？专业知识丰富、科学知识丰富、人文知识丰富和沟通知识丰富。博爱，什么才算博爱？爱动物、爱畜主、爱职业和爱世界。其中，爱世界是兽医博爱的终极目标。兽医精神的提出与践行，将对兽医人格的形成产生积极的作用。四年的大学生活，老师给你的知识，你可能会忘记；老师给你的技能，你可能会生疏；但老师给你的兽医精神，你可能永远不会忘记，因为精神会融入你们的血液，幻化为你们的兽医人格。兽医精神具有普遍适用性，它会照亮你们的前程，带你们走向人生的辉煌。兽医精神不是独立的存在，而是要将其融入、渗透到动物诊疗的每一个环节，融入到日常生活中的每一个细节。

第八章　兽医教育

兽医教育的目的什么？就是让学生形成兽医人格。但是，兽医教育是一个大的命题，限于知识水平，很难展开论述，因此选取了两部典型著作，结合近些年我们从事兽医教育的一些感悟，简单地谈一下对兽医教育粗浅的看法。

第一节　概述

中国的兽医教育始于唐代，有着悠久的历史。唐神龙年间太仆寺中就设有"兽医六百人，兽医博士四人，学生一百人"；唐贞元年间，日本兽医平仲国等人就到中国留学。反观现在，中国兽医要想有大的成就，不是"西游"，就是"东渡"。现代及当代兽医教育虽没有古代辉煌，但仍然有不少闪光点，如国立兽医学院的创办和中美联合培养 DVM 项目的设立等。本节将从五个方面探讨国立兽医学院和中美联合培养 DVM 项目的兽医教育问题，分别是兽医教育感悟的思想来源、国立兽医学院信条、中美 DVM 项目概述、国立兽医学院办学的启示和 DVM 培养的启示。

一、兽医教育感悟的思想来源

本书所探讨的兽医教育，主要来源于两部著作。一是关于盛彤笙院士纪实的书——《远牧昆仑》；二是介绍中美联合培养 DVM 项目的书——《共创同一个健康》。《远牧昆仑》讲的是国内兽医教育、过去的兽医教育；而《共创同一个健康》讲的是国外兽医教育、现在的兽医教育。这两本书所述的虽然只是兽医教育的一小部分，却能给我们提供重要的启示。

二、国立兽医学院信条

盛彤笙 1946 年创立了国立兽医学院后，坚持正确的办学方向，一切以追求真理、挽救动物生命、服务人类为出发点，使兽医教育蒸蒸日上，不仅在国内处于领头羊的位置，而且在亚洲也跻身一流。盛彤笙先生为国立兽医学院制定的《国立兽医学院信条》，直到现在仍是兽医教育所应遵循的原则："我们相信兽医教育是一种尊严的科学教育，必须努力追求真理，严格服膺真理；我们相信兽医教育是一种崇高的职业教育，必须学习最精深的医术，养成极高尚的医德；我们相信最好的教学方法是手脑并用，身体力行，从实际工作中去体验和学习；我们相信最好的训导方法是以身作则，启发诱导，从师生亲密的联系中来熏陶；我们相信教学的范围从学校扩大到社会，从课堂扩大到田野。"这些信条，虽然是几十年前提出来的，但仍让我们这些现代兽医汗颜。兽医教育的目标与方法在这里已经写得清清楚楚、明明白白，需要的只是努力去践行。反观我们现在，竟然以就业为目的，显得十分肤浅。教育的尊严在于追求真理，教育的目的在于养成才德，教学的方法在于以身垂范，教学的范围在于无限延伸。现在读起这些信条，令人醍醐灌顶。我已将这些信条抄录在纸上，挂在了我书桌侧壁的墙上，时时提醒我要做好兽医教育，处处指导我怎样做好兽医教育。

《国立兽医学院信条》并没有结束，下面还有六条，告诉我们兽医教育是为谁培养人？怎样培养人？"我们相信农牧同胞是国家的主体，为农牧同胞服务是最伟大的工作；我们相信从事兽医工作必须深入农村牧野，与农牧同胞共同生活；我们相信要获得农牧同胞的信任，必须真能解除他们的痛苦，增进他们的幸福；我们相信要发扬伟大的人类爱，应首先从保护家畜开始；我们相信环境愈艰苦，我们更应该有同心协力、披荆斩棘的创造精神。"不知道大家觉得如何，我是感到热血沸腾。脱离实际，正是我们目前兽医教育的弊端之一。整天束在理论的殿堂，却不能俯身走进牛羊圈舍，这种兽医教育是完全不切实际的教育。兽医的博爱从爱家畜开始，兽医的成就感从艰苦的兽医生活中获得，这些优良品质我们要重新拾起。

三、中美 DVM 项目概述

执业兽医博士的英文全称为 Doctor of Veterinary Medicine，简称 DVM。中美 DVM 项目是指中国和美国联合培养 DVM 的项目，即国家留学基金委出资，资助中国学生在美国攻读 DVM。据搜狐新闻报道：中美联合执业兽医教育奖学金项目是由堪萨斯州立大学美－中动物卫生中心、中国农业大学动物医学院、中国兽医协会联合发起，中国国家留学基金委、堪萨斯州立大学、硕腾国际兽医合作联盟，以及班菲尔德宠物医院等共同赞助的国际奖学金项目。它是堪萨斯州立大学、加州大学戴维斯分校、明尼苏达大学、爱荷华州立大学以及中国的农业大学共同参与培养的大型执业兽医教育合作项目。该项目是目前合作范围最广、国家公派项目中耗资最大、兽医界影响最为深远的项目。该项目为国内探索性的兽医教育乃至其他职业教育模式提供了新的思路与动力，为兽医行业的改革发展奠定了坚实的基础。在美国，只有修完本科（四年）的学生，或修完兽医预科（三年）的学生，才有资格申请进入兽医学院。前三年注重理论教学，第四年注重临床教学。整体上十分注重理论，但更注重实操！与我国现有的兽医人才培养模式有很大的不同。

四、国立兽医学院办学的启示

国立兽医学院是国内现代兽医教育的一次巅峰，能给我们提供很多重要启示：①人可以穷，但格局一定要大。盛彤笙办学的年代，物资极其匮乏，但他们能够克服万难，网罗人才，开创了兽医教育的盛世。为什么能够做到这些？就是因为以盛彤笙为首的一代兽医先贤，志向高远，胸怀广阔。②基础可以差，但理想一定要高。从《国立兽医学院信条》中我们就可以看出，那种服务动物、造福于民的理想不是我们可以比拟的。我们现在很多人想的只是找个能赚钱的工作，已经丧失了兽医的理想与信念。③教师可以保持知识分子的清高与个性，但在事业目标上要与集体融为一体。盛彤笙及其同事能够精诚合作，共同推进兽医教育事业。他们虽然个性不同，专长有别，但培养一流兽医的目标是一致的。④知识不是束之高阁的奢侈品，而是经学致用的称手兵器。国立兽医学院提倡经学致用，也确实做到了这一点，将教学与科研和生产实际有机地结合起来，真正地做到了学以致用。⑤博爱，从爱护家畜开始。其实，兽医教育就应该从爱护动物做起，爱护动物应该作为入学的第一课。⑥兽医教育是尊严的教育，是崇高的教育。兽医是崇高的，教育是崇高的，兽医教育更是崇高的。为了崇高的事业，我们没有理由不尽全力。我的理想是做兽医、兽医教育家和兽医作家，三者的循环往复，不是理想的分散，而是为了更好地推进兽医的发展。为了实现执业兽医、兽医教育家和兽医作家的理想，还要辅以三大业余爱好，分别是读书、写作、跑步。

五、DVM 教育的启示

DVM 的培养模式，值得我们借鉴。实行兽医人才培养的精英化，是兽医教育的必由之路。通过对中美合作培养 DVM 项目的了解，我得到以下启示：①兽医教育是一个漫长而精深的过程，是建立在本科之上的纯职业化教育。精深的理论、娴熟的技能、准确的判断，是 DVM 必须具备的素质。②我国兽医教育要想达到新的高度，首先必须做两件事：第一，动物医学专业改回兽医专业；第二，动物医学专业恢复五年制。③我国古代兽医有着辉煌的历史，我国古代教育也有着辉煌历史，继承传统，借鉴 DVM 培养模式，走出一条有特色的兽医教育之路。2017 年 QS 兽医排名前 50 位的高校，没有中国大学，在亚洲也仅有两所，分属韩国和日本；2017 年，软科世界一流学科兽医专业排名前 100 位，中国有四所大学上榜，分别是南京农业大学、中国农业大学、华中农业大学和华南农业大学，但排名都在 50 位以外。由此可见，我国的兽医教育任重而道远。

我国的兽医教育在突飞猛进地发展，但离世界一流还有很大的差距，需要我们去不断努力。国立兽医学院代表着国内的、过去的兽医教育巅峰，需要我们去继承；美国兽医教育代表着国外的、现在的兽医教育顶层，值得我们借鉴。

第二节　兽医放歌的牧场

本节主要通过盛彤笙的人生轨迹，来探讨国立兽医学院的创办初衷，主要包括四个方面的内容，分别是荡气回肠、求学之路、投身教育和西部放歌。

一、荡气回肠

我不是甘肃农业大学的老师，也不是甘肃农业大学的学生，但对甘肃农业大学的校歌耳熟能详，常在四下无人时吹吹口哨或哼唱几句。为什么甘肃农业大学的校歌能够深入我心，因为它实际上就是一首兽医之歌，是盛彤笙当年为国立兽医学院创作的院歌。国立兽医学院就是甘肃农业大学的前身，或者说甘肃农业大学是一所以兽医起家的大学。让我们先来感受一下歌词的魅力："西面高耸着昆仑，北面蜿蜒着长城。黄河从我们身边流过，波浪奔腾。这儿是中华民族的发祥地，永生着伏羲和神农的灵魂。这儿屹立着我们的校舍，荟萃着后起的精英。浩浩乎天山瀚海大无垠。风吹草低，牛羊成群，驼铃阵阵，牧马长鸣，在这大西北的原野上正好任我们驰骋。我们要以青天为幕，大地为营，风餐露宿，不避艰辛。我们要手脑并用，深入农村，广施仁术，泽被苍生，看百兽率舞，寿域同登！"

1948年2月，为了弘扬兽医文化，激励全校师生，国立兽医学院全体师生投入了校歌创作，创作出了很多立意深远、文采飞扬的作品。在全校师生致力于校歌创作其间，盛彤笙本人抑制不住内心的激动，亲自提笔创作了这首兽医之歌，并一举夺魁。歌词从地理位置和周边环境切入，从文化始祖写起，热情讴歌了兽医事业，并指明了"手脑并用"的学习方法和"泽被苍生"的兽医理想。这是一首荡气回肠的兽医之歌，激励着我们兽医向着"百兽率舞，寿域同登"的梦想不断前行。

二、求学之路

盛彤笙的求学之路看似曲折，实则一帆风顺，他用10年的时间完成了两个本科专业，取得了双博士学位。1928年，盛彤笙以优异的成绩考入国立中央大学物理学院动物系，仅用了三年时间，就修完了四年的课程。在大学第四年的时候转入上海医学院学习，在那里度过了三年的学医时光。正当他即将踏入大四毕业季时，恰逢有一个出国深造的机会，于是他提出了申请，并通过了面试，最终踏上了留学深造之路。1934年，盛彤笙赴德留学，先在柏林大学取得医学博士学位，后在汉诺威大学取得兽医学博士学位，而这两个博士学位的取得，仅用了四年时间。医学、兽医学双博士，这在国内十分罕见，而且仅仅四年，其中的艰辛可想而知。盛彤笙以刻苦务实的精神，创造了一个又一个的奇迹。盛彤笙的求学之路，给我们无限启示，并让我们不断扪心自问：我们学习用功吗？我们有坚定的理想和信念吗？

三、投身教育

1938年9月，取得两个博士学位的盛彤笙，怀着一片赤诚的爱国之心和报国之志，毅然返回了祖国，先后在江西省立兽医专科学校、西北农学院任教。1941年春，前往迁至成都的中央大学畜牧兽医系任教。在中央大学任教期间，他在几所大学兼课，潜心于教学、研究和编译工作，取得了一批高水平成果。1946年，时年35岁的盛彤笙被聘为国立兽医学院院长，从此铸就了中国兽医教育的辉煌，树立了中国兽医教育的不朽丰碑。盛彤笙是兰州"两院两所"的创办者，两院是指国立兽医学院和中国科学院西北分院，两所是指中国农业科学院兰州畜牧兽医与兽药研究所和中国农业科学院兰州兽医研究所。《远牧昆仑》中的信函、聘书、教材和收据插图，就是盛彤笙创造兽医教育辉煌的一个侧写。盛彤笙在西北广袤而荒凉的土地上，创造了中国兽医教育的奇迹。如今，我们不仅在西北，还在塔河之畔、昆岗故地、丝绸要塞、沙漠边缘，与盛彤笙当年创造兽医教育奇迹的地方，在条件艰苦上有诸多相似之处，但在政治环境上又有着无可比拟的优势，我们为什么不能创造新的辉煌呢？

四、西部放歌

王宏伟有首耳熟能详的歌曲叫《西部放歌》，曲调优美，歌词奔放，让人对大西北产生无限的向往。第四个标题取名西部放歌，就是为了表现盛彤笙办学的高远意境。西北荒凉，但兽医文化却炽热。盛彤笙建立伏羲堂的目的，一是想建立一个兽医文化的阵地，二是想将天下兽医人才尽揽于此。"在大西北的原野上，正好任我们驰骋"，盛彤笙所做的这首兽医之歌时时回荡在我们耳际，鞭策我们前行。其实，兽医能够驰骋的空间何止大西北的原野，一切需要我们兽医的地方，都是驰骋的疆场。从盛彤笙创办国立兽医学院的效果来看，西北虽然落后，但不影响建最好的大学，关键是兽医及兽医教育者还有没有挽救动物生命的初心？还有没有为祖国建功立业的理想？还有没有实现"百兽率舞，寿域同登"的信念？

"风吹草低，牛羊成群；驼铃阵阵，牧马长鸣"，人类就需要这样自然和谐的场景，而兽医保障的正是这样的场景。字如其人，歌如其行，盛彤笙用这样一首校歌不仅表达了自己对兽医的追求，也为后人提出了要求。

第三节　人才荟萃的天堂

本节来探讨一下人才荟萃的天堂，即盛彤笙是如何网罗兽医人才的。主要包括四个方面的内容，分别是人才荟萃、求贤若渴、识人之智和启示。

一、人才荟萃

盛彤笙说过，学府之必要条件是："完备之图书仪器、良好之师资和优美之学风"。其中，良好之师资是一所高等学校的重中之重，因为有了良好的师资自然能够塑造出优美的学风，至于完备的图书仪器可以用钱解决，根本就不是问题。基于此种观点，盛彤笙十分注重人才的引进与培养。为了网罗人才，盛彤笙首先设计建造了伏羲堂。伏羲者，传说为远古百王之首，人文始祖，亦是传说中的畜牧兽医始祖，以此命名兽医馆，标志着兽医的传承与创新。有了伏羲堂，盛彤笙想尽一切办法，用尽一切手段，在罗致师资方面，几乎可以说是没有放过任何一个可能的机会，因为他认为一所学校最重要的因素最终还是优良的师资。发现人才，尊重人才，让所有人才能够找到归属感，学有所用，是盛彤笙工作的重心所在。正是因为盛彤笙在招揽人才方面不遗余力，才让国立兽医学院能够飞速发展，名噪一时。

二、求贤若渴

盛彤笙对人才的渴求就像鱼对水的渴求，在他的多方努力下，一大批专家、学者放弃优越的条件，投身到国立兽医学院。秦和生是盛彤笙在中央大学时的校友，虽然是从未留过学的"土教授"，但却是全国首席兽医外科专家，而且通过自学精通了英、俄、日三种语言。秦和生是当时全国高校中唯一的兽医外科教授，在好友盛彤笙的邀请下毅然来到了国立兽医学院，极大地促进了兽医外科学的发展。蒋次昇是难得的人才，在国外时就被多家单位争抢。蒋次昇在求学的过程中因经济困难，几乎辍学，是盛彤笙通过多种途径资助了他，并希望他学成后能回国立兽医学院任教。但是，蒋次昇一回国就被中央大学截留，为此盛彤笙颇为不快。但是，盛彤笙始终没有放弃，通过多方沟通，最后甚至亲自到蒋次昇老家迎接，才得以成功聘任。许绶泰是我国著名的兽医寄生虫学家，盛彤笙盛情邀请三次，才聘任成功。古有刘备三顾茅庐，今有盛彤笙三请许绶泰；古有萧何月下追韩信，今有盛彤笙千里迎接蒋次昇。盛彤笙的赤诚大爱，感动了大量的人才，真正地做到了感情留人。此外，在待遇上毫不吝啬，给很多人的薪水超过了他这个校长，这就是现在所谓的待遇留人。

三、识人之智

作为一所高校的领导，除了宽广的胸怀外，还要有识人的智慧。老子说过："圣人常善救人，故无弃人；常善救物，故无弃物。"盛彤笙的用人就很有艺术，能够充分用人所长。陈北亨，主要致力于骆驼繁殖方面的生理研究，填补了骆驼产科方面研究的空白。他同时是我国兽医产科学的奠基者和开拓者。其实陈北亨原先并不研究产科，是盛彤笙根据学科发展将其调整到产科，结果造就了一位产科学的奠基人。朱宣人，曾就读于英国爱丁堡大学，专攻兽医病理学，回国后被盛彤笙聘为病理学教授兼病理科主任，并担任教务长之职，为学校的发展做出突出的贡献。谢铮铭，解剖学专家，其毕业论文《家禽之交感神经和副交感神经系》成为解剖学的经典。谢铮铭与盛彤笙有师生之谊，是盛彤笙一手培养起来的优秀人才。没有一流的师资，不可能办出一流的教育，盛彤笙深谙此道，因此不遗余力、不拘一格地罗致人才，最终开创了兽医教育的盛世。

四、启示

盛彤笙招揽人才的诚意、盛彤笙对待人才的态度都能给我们提供重要的启示：①招揽人才要有十二分的诚意，与人才共事要有宽广的胸怀。每天喊着重视人才的口号是没用的，必须将爱才的情怀落实到日常行动中。关注人才的动向、关怀人才的生活、关心人才的困难、关爱人才的情感，时刻让人才感到一种宾至如归的感觉，才有可能网罗到人才。单是口中满溢爱才之词，却无任何实际行动，是得不到人才的，即便一时得到了也是留不住人才的。②招揽人才要不遗余力，留住人才要为人才提供广阔的发展空间。事业的发展与腾飞才是稳定的土壤。这就是通常所说的事业留人。但凡人才，都想在社会上成就一番事业，而学校不给提供这种机会，让想做事的人没事做，根本不可能留住人才。有了事业的根基，有了发展的舞台，人才自然就有了归属感，自然就能留下。③经济欠发达地区，条件艰苦地区，留住人才靠的是领导者的才学与气度。说待遇留人没有待遇，说感情留人没有感情，说事业留人没有事业，这样的高校迟早要顺着坡道一路滑下去。领导者的才学与气度，使许多人才愿意追随、愿意奉献。像盛彤笙先生这样的领导，放到哪里都会有一大批追求者，想不成就一番事业都难。三国时，魏国招揽人才靠天时，吴国招揽人才靠地利，蜀国刚开始一无所有只能靠人和。经济欠发达地区不要谈什么感情与待遇，只需要一颗赤诚的待人之心，一个纯情圣洁的理想，足矣。

教育者，师资为先。聚集优秀师资，非有远大理想和宽广胸怀不能为之。时常保持求贤若渴的心，保持识人用人的心，就能达到人才荟萃的目的。有了人才，再荒凉的土地都能孕育出希望之苗。

第四节　挽救生命的圣地

有了优秀的师资，就能培养优秀的人才，就能最大限度地挽救动物的生命。本节来探讨一下挽救生命的圣地，主要包括五个方面，分别是兽医病院的建立、兽医病院的功能划分、兽医病院的师资、兽医病院的地位与作用和兽医病院的成就。

一、兽医病院的建立

兽医病院就是现在所说的兽医院或教学动物医院。兽医专业与医学专业相同，没有在附属医院进行轮转实习是不可能培养出合格的兽医人才的。当前《动物医学专业国家质量标准》提出了很多要求，其中很重要的一点就是对教学动物医院的要求。为了给教师提供技能锻炼的平台和才能发挥的舞台，为了让学生能够得到充分的实习机会，盛彤笙设计筹建了兽医病院。兽医病院从 1949 年开始谋划，到 1952 年冬才建成。兽医病院位于伏羲堂的东北角，为三层大楼，面积 2324 平方米，仅次于伏羲堂。50 年代就 2000 多平方米，这是一个很了不起的数据。最新发布的动物医学专业认证(第二级)讨论稿，要求凡设动物医学专业的高校，必须有不低于 1500 平方米的教学动物医院。仅仅是这一项指标就难倒了国内大部分高校，但在 60 多年前，国立兽医学院就已经实现了。

二、兽医病院的功能划分

刚出台的《动物医学专业国家质量标准和动物医学专业认证标准(讨论稿)》，对设备和师资都有严格的要求，如影像设备、手术室、住院部、10 个以上的执业兽医师等。而 60 多年前的兽医病院就早已满足了这些条件，甚至超过了现在的要求。兽医病院底层为病院和阶梯教室，病院设有内科、外产科诊疗室、外产科手术室、X 光室、小动物诊疗手术室、临床检验室、药房和药品器械储藏室。二层为寄生虫、微生物、传染病教研室；三层为教室。另外还有七间平房作为住院部，可同时收容 10 头病畜入院治疗。想想这些硬件设施，就令人神往。反观我们现在有动物医学专业的 80 多所高校，拥有教学动物医院的不足一半，有如此完善的教学动物医院的更是屈指可数。挽救动物生命不是一句空话，没有一个可靠的根据地，怎么能够完成治病救兽的使命？在国内虽有几所不错的教学动物医院，但整体而言，无论从数量上还是质量上都存在着较大的欠缺。但随着专业认证的推行，相信完善的教学动物医院会越来越多，最终肯定能达到专业培养的硬件要求。

三、兽医病院的师资

再漂亮的动物医院，若没有一流的医生也是枉然。当时的国立兽医学院，名家辈出，这些人一是基本上都有海归经历，二是都经过实践的历练，因此医术精湛。兽医病院主任蒋次昇，副主任陈北亨，还有王超仁、邹康南、万一鹤等在兽医病院坐诊，配合主任工作。除了这些临床兽医外，其他知名专家、教授也轮流坐诊，如盛彤笙、朱宣人、许绶泰、谢铮铭和秦和生等。为了锻炼师资队伍，提高教师的授课水平，学院规定：但凡留校的教师，都要先到兽医病院搞诊疗、带学生，提高了诊疗技术后才能走上讲台从事教学工作。这种做法现在有些高校也在推行，但执行的力度已大不如前，因为很多高校教师已经不以教学为目标，而以科研为主业了。轻教学、重科研这种行为实际上严重偏离了兽医教育的本质。

四、兽医病院的地位与作用

学校为什么要花如此大的力气建兽医病院？又为什么要动用这么多人力、物力来经营兽医病院？因为兽医病院真的很重要，可以说没有兽医病院，就不应该开设兽医专业，即便开设了，也不可能达到培养目标。兽医病院的地位与作用包含以下几个方面。首先，兽医病院可为学生提供实习平台。大三学生需要在兽医病院实习半年，三人或四人一组，各科室轮转实习，学习动物疾病诊疗的全部技术与流程。其实，不止大三学生，各个年级的学生都需要在兽医病院历练，否则怎么能够掌握疾病诊疗的本领？对学生来讲，兽医病院是最好的去处，因为兽医病院毕竟属于教学性质，有许多的老师可以随时言传身教，与在养殖场完全不同。老师教学生，基本上都是倾囊相识，不会藏私。但社会上就可能不一样，受"教会徒弟饿死师傅"观念的影响，很多师傅极其保守，从不肯多吐露半点有用信息，这样的做法显然与我们的教育原则相背离。因此，兽医病院是学生最佳的实习场所。其次，兽医病院可为农牧民提供对外诊疗服务，帮助他们解决动物生病的难题，从而更好地增产增收。"在整个西北地区，凡是这个家畜病院治不好的，那就是没治了。"这是当时农牧民普遍的认识，说明兽医病院已经普遍的认可。再者，兽医病院可以丰富教师的诊疗经验，让他们在教学中更加得心应手，而不是空谈理论。最后，兽医病院可提供师资培训，这里的师资培训不是指校内的师资，而是指校外的师资。国内其他的一些农业院校，如南京农学院、华南农学院、华中农学院等院校纷纷派员前来进修，学习兽医诊疗的相关技能。因此，兽医病院有着十分重要的作用与地位。

五、兽医病院的成就

兽医病院不仅得到了广大师生的认可，还得到了农牧民的认可。此外，还得到了业内同行的认可。国内外考察团每到兰州，必然参观国立兽医学院，每到国立兽医学院必然要参观兽医病院，每次参观完必然给出一致好评。有一次，长春解放军兽医大学苏联兽医内科顾问格尔曼教授对邹康南说："你们学校病院的设备水平和诊疗水平，已经超出苏联一般院校了。"师生满意、当地认可、全国承认、国际青睐，这就是兽医病院的成就。

国立兽医学院的兽医病院就如同当今高校的教学动物医院，在兽医人才培养方面起着重要的作用。60多年前，盛彤笙就有如此超前的思想，有如此伟大的成就，确实不易。当年的国立兽医学院办学水平，堪称亚洲一流，为我们树立很好的榜样。办动物医学专业就要建教学动物医院，而且要建立完善的、符合人才培养目标的、符合专业认证要求的教学动物医院，因为只有这样，才能从根本上保证人才培养的质量。有了兽医病院这个稳固的根据地，盛彤笙等杰出兽医就可以驰骋在大西北的草原上建功立业，维护动物繁衍，保护人类发展。

第五节　建功立业的疆场

本节将分别从围剿瘟疫、学部委员和西北分院三个方面来探讨盛彤笙是如何将大西北变成自己建功立业的疆场的。

一、围剿瘟疫

直到现在，我国兽医体系和兽医人才培养仍以预防兽医学为主。所谓预防兽医学是指研究动物传染性疾病及侵袭性疾病的病原特性、致病机理、疾病流行规律、诊断以及预防、控制的原理及技术的科学。预防兽医学所研究的疾病都有传染性，有的在个体与个体之间传播，称为水平传播；有的经上一代传给下一代，称为垂直传播。现在兽医防疫体系比较健全，疫病防控水平大大提高，但仍有一些烈性传染病流行，如非洲猪瘟、口蹄疫、小反刍兽疫和高致病性禽流感等。中华人民共和国成立前，由于畜牧兽医事业极为落后，疫病肆虐，牛瘟、马鼻疽、猪霍乱、羊痘、猪瘟和炭疽等此起彼伏，层出不穷。为了防控这些疫病，保护动物安全，盛彤笙奔走于西北各大牧区，先后赴青海指导防治羔羊痢疾，赴陕西汉中指导防治牛口蹄疫，指挥甘肃的千里河西走廊和青海高原剿灭牛瘟，围歼宁夏的牛羊寄生虫，扑灭甘肃境内的猪瘟、口蹄疫、炭疽、猪肺疫等重大疫情。那时的兽医就像救火队员一样，四处奔走，到处救急，救家畜于危难之中。1952年，大西北铲除了牛瘟疫源地，消灭了牛瘟，这是疫病防控的伟大成就。1958年，甘肃境内基本实现了无牛瘟、无口蹄疫、无猪瘟。

二、学部委员

当年的学部委员就是现在的院士，是从事科学研究的最高层次人才。盛彤笙无论是办教育、搞科研，还是从事社会服务，都取得巨大的成就。基于此，1955年，盛彤笙被推举为首批中国科学院学部委员，是当时全国畜牧兽医界唯一的学部委员，也是大西北唯一的学部委员。跻身学部委员就可以参与制定全国长期科学规划。学部委员是国家赋予的最高荣誉，是党和国家对科研人员最大的肯定。1956年，盛彤笙被推举为中国农业科学院学术委员会副主任，中国畜牧兽医学会副会长。一系列头衔与荣誉的取得，是盛彤笙开拓创新、不断努力的结果。但是，盛彤笙头上的光环绝不是他一个人的，而是所有兽医的光环，是整个西北地区的光环。

三、西北分院

盛彤笙在西北创建了"两院两所"，其中两院最为著名，一是国立兽医学院，一是中国科学院西北分院。为了改变西北地区科研事业几近空白的状况，加速大西北经济建设的步伐，中央决定设立中国科学院西北分院。盛彤笙被任命为筹委会第一副主任委员，日夜操劳，他在自己家门口贴有字条，上面写着："草创时期24小时办公。"盛彤笙工作不分昼夜，全力以赴，终于完成了党和国家交给他的任务。中国科学院西北分院成立以后，盛彤笙建议成立一个兽医研究室，因为他始终没有忘记自己是一名兽医，不论有多么大的官职，不论有多么大的成就，他都不能忘本，更何况兽医确实在国民生产中发挥着重要作用。兽医研究室建立之后，他从国立兽医学院调集了大批人手，紧张有序地开展起了兽医研究工作。

大西北是荒芜的，相对于国内其他地区是落后的，但就是在这片贫瘠的土地上，盛彤笙以大无畏的精神建立了伟大的功绩。围剿了瘟疫，成为西北地区和兽医界唯一的学部委员，建立了中国科学院西北分院，单是这三项成就就足以载入史册。盛彤笙是杰出兽医的代表，是杰出兽医教育家的代表，正是有了像盛彤笙这样一批优秀的兽医，才维护了我国的动物繁衍，保护了我国人民的发展。

第六节　从严教学的榜样

盛彤笙之所以能将兽医学院办到亚洲一流，除了网罗师资、购买先进仪器设备外，还强调优美的学风。本节主要包括三个方面，分别是经世致用的办学主旨、后世景仰的优美学风和笃行务实的学术研究。

一、经世致用的办学主旨

兽医终究是一门应用性学科，学了就是为动物治病，然而现在培养出的多数大学生几乎能胜任所有的工作，唯独在治病救兽方面有所欠缺，这显然是与专业培养目标不符。我国现在大力推行执业兽医制度，大力推行五年制兽医教育，大力推行中美联合培养 DVM 项目，大力推行专业认证制度，其目的就是为了改变这种教育现状，将动物医学专业培养目标转移到为动物看病的正途上来。盛彤笙提出经世致用的办学主旨，把教育教学与生产实际结合起来，以解决畜牧兽医生产问题为目的，这才是符合兽医教学目标的做法。经世致用思想是长期存在于中国传统学术经典中的精髓，只不过盛彤笙把它兽医化了。盛彤笙提出"实践、实用、实效"三大原则，即把教学和实践结合起来，把理论与实践贯通起来，把实用与实效统一起来。国立兽医学院所有的实验室全天开放，教师不上课时，都在实验室工作，学生随时可以去动手，随时可以得到老师的指导。这是一种最好的教学方式，将教育教学贯穿于学生学习生活的始终，而不是象征性地课堂上高喊，课下不管。

二、后世景仰的优美学风

国立兽医学院的师资我们前面讲过，当时在全国属于一流，教学条件如兽医病院前面也讲过，在全国乃至亚洲都属一流，现在只剩下学风了。国立兽医学院的学风到底怎么样？先来看一组数据。第一批招生，全国有 500 多人报名，仅仅录取了 48 人，第一届学生到毕业时仅剩下 8 人，当时人们把他们称为"八大金刚"。"八大金刚"是指赵纯庸、张邦杰、袁九龙、张维烈、孙克显、赵仕清、杨文瑞和宁浩然。学院实行了两门课不及格自动淘汰；一门课不及格，给一次补考机会，补考仍不及格者即淘汰。教学管理如此严格，现在的高校是很难企及的。500 人录取 48 人，录取率不到 10%；48 人，毕业 8 人，毕业率不到 17%，其中的难度可想而知，其中的教学严格程度可想而知。教师是一流的教师，全程英文授课。现在从小学就开始学英语的考生，恐怕也很难跟得上。兽医原本就应该精英化培养，有用的兽医几个就够了，不会看病的兽医一堆也没用。盛彤笙所说的学府之必要条件，分别是完备之图书仪器、良好之师资和优美之学风。在名师高徒的共同营造下，学风想不美都难。抓学风先从抓教风开始，教师带好头，学生开好头，学风自然淳朴、清正。优美之学风主要体现在尊师重教、勤奋刻苦上。

三、笃行务实的学术研究

所有的老师都进行学术研究，不仅研究兽医上的科学问题，还研究兽医上的教学问题。当今，很多老师在科学研究上著作等身，但在教学研究上却不屑一顾。认为教学就是上课念念、讲讲，没什么好研究的，这是一个严重的误区，也是我国兽医教育停滞不前、甚至倒退的主因。国立兽医学院校刊每季度出版一期，院长、教授亲自写文章，研讨学问，训育学生，形成了风清气正的学术研究氛围。如盛彤笙的《和新生谈谈畜牧兽医》，王栋的《西北之草原》，朱宣人的《对今后兽医教育的意见》，许绶泰的《论新民主主义的兽医教育》，蒋次昇的《新时代兽医的认识》和任继周的《用牧草轮作来改造中国的农业》等。放到现在，这样的题目就是专业教育的内容。大学是育人的场所，是培养高层次人才的场所，教授上课都要受到表扬，这是教育界的悲哀。教师用高尚的品德去感染学生，用丰富的学识去影响学生，用循循善诱的语言去引导学生，这样才是培养人才的正道。

国立兽医学院从严治学的精神值得我们学习，我也一直认为兽医应该是精英化教育，不能大面积普及。无论品德、思想，还是技能，兽医的要求都是非常高的，不是每个人都能胜任这个专业。严格不是刻板，严肃不是冷酷，教师对学生要关爱有加，但绝对不能放任自流，要以严师之面貌督促其深入学习，要以友人之身份引导其热爱学习。国立兽医学院从严治学的精神是我们学习的榜样。盛彤笙和他创办的国立兽医学院就是一座时代的丰碑，让我们无限景仰、无限缅怀，指引着我们向兽医教育的巅峰前进。

第七节　奠基铺路的 DVM

奠基铺路的 DVM 主要包括四个方面，分别是奠基铺路的 DVM、罗清生贡献概述、蔡无忌贡献概述和奠基铺路 DVM 的启示。

一、奠基铺路的 DVM

所谓奠基铺路的 DVM 是指中华人民共和国成立前，被政府送到欧美攻读执业兽医博士，也就是我们所说的 DVM。这些学成的 DVM 回国后，成为兽医界的精英，是多种学科的奠基人，为我国兽医事业立下了汗马功劳。中华人民共和国成立前，主要有这么几位DVM，现简要为大家介绍一下。罗清生，1919 年出国留学，美国堪萨斯州立大学毕业，兽医学家，农业教育家，我国现代兽医教育和传染病学奠基人之一。1964 年首先发现鸭瘟病毒和研制了鸭瘟弱毒疫苗，并在猪气喘病研究中取得较大进展。蔡无忌，1920 年出国留学，法国阿尔福兽医学院毕业，兽医学家，我国现代畜牧兽医事业的先驱和商品检验事业的奠基人。发起成立中国畜牧兽医协会，筹建中央畜牧实验所，为我国消灭牛瘟做出贡献。陈之长，1922 年出国留学，美国艾奥瓦州立大学毕业，兽医学家，农业教育家，我国现代畜牧兽医教育事业的奠基人。先后主持中央大学、四川大学和四川农学院。程绍迥，1922 年出国留学，美国艾奥瓦州立大学毕业，我国兽医生物药品制造创始人之一，主持建立了我国上海商品检验局血清制造所，为我国牛瘟消灭做出重要贡献。熊大仕，分别于1923 年、1927 年和 1928 年三次出国留学，美国艾奥瓦州立大学毕业，兽医寄生虫学家，兽医教育家。对马结肠纤毛虫的研究成就显著，修编 25 个属，51 个种，其中建立 3 个新属，发现 16 个新种，为我国兽医人才培养做出了重要贡献。盛彤笙，1936 年出国留学，柏林大学和汉诺威兽医学院毕业，我国第一所兽医学院和中国科学院西北分院创始人之一。首先证明成都水牛"四脚寒"为脊髓炎，并发现脑脊髓炎系病毒所致。马闻天，1935

年出国，法国阿尔福兽医学院毕业，我国兽医生物制品奠基人之一。发现我国鸡的新城疫病，并在新城疫、猪丹毒、鸡痘和多联苗以及血清学研究方面取得卓越成就。王洪章，1945 年出国留学，美国康奈尔大学毕业，家畜内科学奠基人之一，为我国动物医学发展做出了显著贡献，并为我国培养了大批优秀兽医人才。自王洪章之后，一直到 2017 年之前，再没有人取得 DVM 学位。通过上面的简要介绍，我们就知道，这 8 位欧美毕业的 DVM 就是我国现代兽医教育的基石，在我国兽医教育史上留下了光辉灿烂的一笔。

二、罗清生贡献概要

罗清生自归国后，一直从事高等兽医教育工作达半个多世纪，为我国培养了一代又一代的高级兽医人才。他成果卓著，先后教授过兽医学、兽医生物药品制造、兽医药物学、兽医内科诊断学、兽医外科学、兽医产科学和家畜传染病学。其中，以教授家畜传染病学的时间最长，创建了南京农学院家畜传染病学教研组，培养了我国第一批家畜传染病硕士生和博士生，后又建立了家畜传染病学教研室。罗清生先后培养了 41 名硕士生和 4 名博士生，为我国高等兽医教学和家畜传染病学的发展做出了重要贡献。罗清生的教学经验，可以总括为"三重视"，即重视理论联系实际、重视师资培养和重视教材建设。罗清生治学严谨，备课勤奋，注重课堂上的理论讲授，不断充实和更新内容。他对学生要求严格，课堂纪律严明，经常向学生提问。需背诵的内容如各种家畜的用药剂量等，他总是一丝不苟，一定要求学生牢牢地记住，不能含糊马虎，毕业生都深切地体会到严格教学的正确和好处。

三、蔡无忌贡献概要

蔡无忌，原籍浙江绍兴，1898 年 3 月 30 日生于北京。兽医学家，我国现代畜牧兽医事业的先驱和商品检验特别是畜产品检验事业的奠基人之一。他创办上海兽医专科学校，筹建中央畜牧实验所，为我国消灭牛瘟做出贡献。他领导过中国第一个商品检验机构，起草了中华人民共和国第一个商品检验条例，并对提高我国出口蛋、肉制品质量做出了一定贡献。蔡无忌的父亲是蔡元培，蔡元培是中国民主主义革命的先驱、著名教育家。蔡无忌自幼受家庭教育和蔡元培革新思想的熏陶，立志要学好本领，科技救国。他不依赖父亲的社会声望和地位，发愤刻苦学习，培养了奋发自强的精神。蔡无忌不仅忠于兽医和商品检验事业，而且积极参与社会活动。他是中国畜牧兽医学会的发起人之一，并当选为首届会长。

四、奠基铺路 DVM 的启示

以上八位 DVM，是中国现代兽医教育的奠基者，每个人都曾做出过卓越的贡献，这里只选取了两位做简要介绍。奠基铺路的 DVM，他们能给我们什么启示呢？我认为主要有以下四点：①教书育人，愿做春蚕吐丝尽；师夷长技，誓为兽医领路人。这几个人都为我国兽医教育事业做出了突出贡献，犹如春蚕一般，奉献了自己的一生。这几个人都是海外学成的归国者，学的是国外的先进兽医技术，服务的却是中国的畜牧兽医事业，而且都成了各自领域内的领头羊。②在祖国最艰难的岁月选择了祖国，在兽医最困难的时候选择了兽医，德才兼备的兽医先辈为我们树立了最好的榜样。这一点最值得我们学习，我们现在很多人基本上都是看着待遇在移动，那种为国为民的思想逐渐淡化了。因此，要重新拾起兽医先辈的理想和信念，深深扎根在自己从业的土地上，才能取得更大的成绩。③响应党的号召，扎根中华大地，为维护动物繁衍，保护人类发展做出不可磨灭的贡献。前面我也介绍过，政治是导向，畜牧兽医事业也有服务导向，我们应该努力成为社会主义建设者，将社会主义核心价值观渗透到每一个诊疗环节。④条件可以最差，但雄心不能降格；待遇可以不高，但胸怀一定广阔。这八位 DVM 工作的时候，是我国经济比较落后的时候，各方面条件都相对较差，但他们坚持了下来，坚守着自己的岗位，用一腔热血谱写了一首首壮美的兽医之歌；用两袖清风践行了他们高尚的医德。

第八节　后来居上的 DVM

自中华人民共和国成立以来一直到 2017 年以前，我国再没有出过 DVM。2012 年，在多方努力下，启动了中美联合培养 DVM 项目，首届选拔了四位学生，在国家的资助下前往美国攻读 DVM。这四位同学不负重托，于 2017 年顺利毕业，并回到了自己的祖国，在教学、科研和社会服务三方面发挥着积极的作用。本节后来居上的 DVM 介绍的就是近几年培养的 DVM，他们是不是能够像中华人民共和国成立前 DVM 先辈那样，也能发挥中流砥柱的作用。本节主要从四个方面来探讨后来居上的 DVM，分别是中华人民共和国成立后首届毕业的 DVM、中华人民共和国成立后首届毕业的四位 DVM 之去向、目前在美国攻读 DVM 的留学生和后来居上 DVM 的启示。

一、中华人民共和国成立后首届毕业的 DVM

2017 年，首届 DVM 毕业，仪式十分隆重，毕业生只有四名，但参与合影的却有几十位，他们是中国驻芝加哥总领事、中国兽医协会副会长、美国兽医协会会长、美国兽医学院协会总裁、四所美国兽医学院院长、硕腾副总裁、美国班菲尔德宠物医院高级副总裁和兽医首席官、美国农业部代表、堪萨斯州农业厅副厅长等。首届四位 DVM 的毕业，标志着我国兽医人才培养又迈出了重要一步。四位 DVM 的回归将有力地促进我国兽医事业的发展。

二、中华人民共和国成立后首届毕业的四位 DVM 之去向

在已经毕业的 4 人中，2 人来自华中农业大学，2 人来自中国农业大学。最终的结果是，来自华中农业大学的回到华中农业大学任教，来自中国农业大学的回到中国农业大学任教，均直接聘为副教授。DVM 是国内各高校争夺的对象，可惜数量有限，最终还是靠母校的情结挽留住这些被视为稀世珍宝的人才。

三、目前在美国攻读 DVM 的留学生

从 2012 年至 2017 年，共有 24 位学生在中美联合培养 DVM 项目的资助下前往美国攻读 DVM，其中 5 人来自中国农业大学，3 人来自华中农业大学，6 人来自华南农业大学，5 人来自南京农业大学，1 人来自西北农林科技大学，2 人来自浙江大学、1 人来自内蒙古

农业大学、1 人来自四川农业大学。其中数量最多的是华南农业大学，还有 1 人来自省属农业院校。因此说，每个人原则上都是有机会的，关键在于你是否已经准备好了，是否具备了在全国竞争的实力。2019 届只有陈冪蕾 1 名学生，就读于明尼苏达大学；2020 届却有 6 名同学，他们是郑泽中、周雪影、管迟瑜、李梦、杨振和曾欢，分别就读于堪萨斯州立大学、爱荷华州立大学和明尼苏达大学。7 人中，女生 5 人，男生 2 人，男女比例已经严重失调。

2021 届有 4 名同学，她们是王哲、吴晓彤、俞峰和朱怡平，分别就读于加利福尼亚大学戴维斯分校和堪萨斯州立大学。这 4 名同学来自哪些学校暂且不管，但有一个共同点，都是女生。2022 届有 4 名同学，他们是陈凯文、石昊、徐明和严玉琪，分别就读于堪萨斯州立大学、明尼苏达大学和爱荷华州立大学。这次男女比例回归至第一届的 1：1。当前，我国动物医学专业已经出现了男女比例失调的情况，很多高校都是女生多于男生，有的学校女生可达 2/3 以上，而且个个学习优秀，给男生造成了很大的压力。兽医这个专业，虽然艰辛，但不分男女，都可以做好，关键在于你是不是有仁爱之心、是不是有坚韧不拔的意志、是不是有救死扶伤的理想。

四、后来居上 DVM 的启示

DVM 是否真能后来者居上，要在十几年后甚至二十几年后才能真正地看出结果。但基于 DVM 前辈们的丰功伟绩，相信新时代的 DVM 也不会差，定能助力我国兽医事业的发展。按理说，任何动物医学专业在校生都有机会受到国家资助前往美国攻读 DVM，关键是有没有做好准备，要知道机会永远留给有准备的人。学兽医是异常艰辛的工作，每一位已毕业的或在读的 DVM 都有一段努力奋斗的血泪史。我国的兽医教育须借鉴 DVM 培养模式，从而在改革的进程中实现跨越式发展。

中美联合培养 DVM 项目，国家十分重视，其目的就是希望通过他山之石，促进我国兽医事业、兽医教育事业的发展。当然，这种大成本的资助相信都是暂时的，随着我国兽医教育事业的崛起，今后定能和国际接轨，到时候就不用再大张旗鼓地派人出国去留学了，我们自己也能培养出一流的兽医人才。中国兽医教育改革在持续不断地推进，和欧美等发达国家的兽医教育虽然有差距，但已经在缩小。

第九节　DVM 课表的启示

中美联合培养 DVM，虽然备受关注，但我认为只是权宜之计，随着我国兽医教育事业的进步，完全有能力培养出自己的 DVM。当前各大知名农业院校，都建立了"卓越班"之类的精英化教育模式，就是在借鉴 DVM 培养模式的一种新的尝试。本节将从堪萨斯州立大学兽医学院的课程讲起，来管窥一下 DVM 教育与我国有何不同。本节从四个方面来探讨和分析，分别是堪萨斯州立大学兽医学院课程、全科培养模式、兴趣引导模式和纵深发展模式。

一、堪萨斯州立大学兽医学院课程

堪萨斯州立大学成立于1863年2月，是一所世界知名的百年名校，为堪萨斯州第一所世界级公立大学。学校以工程、航空、建筑、食品、农学和兽医等专业闻名全美。我在《共创同一个健康》这本书的附录中看到了他们的课程设置，与我国动物医学专业课程设置存在着很大的不同。四年可开设的专业必修课和选修课达109门，门类齐全，划分细致，体现了广与深的特点。无论是从数量上，还是从课程深度上，我们均有所不及。课程理论与实践相结合，既重视理论基础的培养，又重视实践技能的锻炼。由于我是我校动物医学专业负责人，看到这份课表，就毫不犹豫地抄在了笔记本上，光是课程名称就足足抄了八页。这八页课程让我初步看出了我们现有课程与DVM课程存在的差距。

二、全科培养模式

美国的兽医教育也是全科培养模式，即所有动物的所有科目都将成为教学内容。先看动物种类，有小动物、马、牛、绵羊和山羊、异宠、伴侣动物和野生动物等。我国目前的兽医教育，大城市的兽医教育以犬猫等小动物为主，而地方院校的兽医多以牛羊等经济动物为主，异宠和野生动物涉及极少。再从学科种类来看，有内科学、全科学、软组织手术学、牙科学、诊断学、临床麻醉学、兽医影像诊断学、临床病理学、疼痛管理和和兽医超声学等。我国兽医课程体系分科没有这么细致，除了个别院校外，普遍缺乏牙科学、临床麻醉学、临床病理学和疼痛管理等学科。在手术分类上也没那么详细，只一门兽医外科学就涵盖了所有内容，没有再详细划分为软组织手术和骨科手术等。无论在国内，还是在国外，兽医都是全科教育。全科涵盖的知识内容极为广泛，因此，在学习的时候有一定的难度。

三、兴趣引导模式

堪萨斯州立大学兽医学院，学生可根据自己的喜好选择某一个方向的课程，如小动物方向、马方向、牛方向、猪方向等。以小动物方向为例，包括异宠医学、小动物内科学、小动物全科学、临床小动物软组织手术学、小动物急诊和小动物医学实践等。对哪个方向感兴趣，就可以在哪个方向上进行深入学习。我国部分高校的兽医人才培养也有分方向授课的，如小动物方向、经济动物方向、检验检疫方向等。不仅小动物方向有很多兴趣导向课程，其他动物也有。虽然是全科教育，但学生可以在感兴趣的方向深入发展。

四、纵深发展模式

我国兽医教育，很多课程开一次或开一学期就没有下文了，缺乏一种纵深式贯通。而DVM的课程则不同，许多课程阶梯性递进，以解剖学为例，大一开设大体解剖学、微观解剖学、犬3D影像解剖学，大体解剖学Ⅱ，兽医专业学生特殊兴趣解剖学和应用解剖学；大二开设犬三维影像解剖学、兽医专业学生特殊兴趣解剖学和应用解剖学。同样是解剖学，却分支详细，不断深入，而且能够根据学生的兴趣开展相应的解剖教学。解剖学是兽医基础中的基础，一个优秀的兽医，一定是精通解剖学的。我国兽医教育在解剖学上重视不够，首先是师资的匮乏，许多其他专业背景的老师被强行安插进来，缺乏对解剖的兴趣。其次是课时的压缩，将解剖学几乎当成了通识课程，这种做法严重影响了学生专业技能的精进。再者，缺乏影像解剖学课程，未能打好解剖基础，使学生在后续的临床课学习中后劲不足。最后，缺乏将解剖学贯穿于教学始终的理念。任何一门课程都是循序渐进的，只有合理地安排好课序，才能使课程教学推向纵深。

DVM 的课程安排值得我们借鉴：①课程数量，要全面体现全科培养的特点；②课程的细化，在课程深度上还要加强；③实现课程模块化，让不同兴趣的学生有选择的余地；④一些重要的课程，要根据课程的总体安排分散到不同的学期；⑤理论与实践要实现无缝结合，自然地将理论与实践融合在一起。国家的发展水平不同，对兽医的要求也存在差异。如我国之前兽医基础薄弱，重点放在疫病防控上，因此预防兽医相对于基础兽医与临床兽医来说，条件最好、发展最快、力量最强。但随着疫病防控体系的完善、疫病防疫水平的进步，重点发展临床兽医已经成为趋势所在。因此，DVM 的培养就现阶段而言，对我国兽医教育具有很好借鉴作用。借鉴归借鉴，但照搬肯定是不行的，要根据我国经济、社会发展的目标而定，走出自己的特色之路。

第十节　兽医教育展望

本章兽医教育主要探讨了国立兽医学院的办学启示和中美联合培养 DVM 项目的启示，根据上述启示接下来给大家分享一下我对兽医教育的看法。我认为我国兽医教育可从以下几个方面入手，做出自己的特色，走出自己全新的兽医教育之路。

一、兽医文化铺底

这门课多次谈到兽医文化，但兽医文化究竟是什么？很难言说。若非要形容，那么兽医文化就是一种氛围，一种追求，一种积极向上的人生态度，挽救动物生命的使命，保护人类发展的责任。要让兽医文哲史播撒到社会的每一个角落，要让兽医精神延续到社会每一个地方。我国兽医文化源远流长，从古至今，未曾断绝。所缺乏的是充分的挖掘与发扬。有了对兽医文化的认同，才能认同兽医这个专业、兽医这个职业，从而将兽医作为为之奋斗一生的事业。有兽医文化铺底，就会增强对兽医的认同；实现了对兽医的认同，就有了兽医发展的原始动力。我们开设兽医文化概论课程和悬疑讲堂，就是努力创造一种教学相长的氛围，并让这种氛围打上兽医文化的烙印。

二、课程理论奠基

兽医虽然是实践性很强的专业，但离开理论的指导，终究脱离不了"土兽医"的世俗之气，难以登上科学与艺术的大雅之堂。课程学习其实无需另觅途径，只要能将执业兽医资格考试科目的内容融会贯通，就足以奠定强大的理论之基。精通各种理论，融会贯通各种知识，是成为一名合格兽医的基础。选择了兽医就是选择了终身学习，而图书馆是我们最好的充电之所。专业理论就是兽医的"九阳神功"，只有练成了这项神功，才有能力驾驭各种诊疗的技能。在兽医临床诊疗中，技术水平越高，越发现自己基础的薄弱，而那种专业上的半吊子从来不会觉得自己的专业基础知识匮乏。基础理论不是一次就能奠下万年不拔之基，需要在今后的学习和从业过程中不断加固，才能保证基础的牢固。因此，经常查漏补缺，补充专业知识的不足，是永葆基础牢固的重要途径。

三、轮转实习历练

从国立兽医学院的兽医病院就可以看出，教学动物医院是培养学生技能的主要阵地，没有这个阵地，兽医教育的底线就会失守。教学动物医院富含教学特征，有一大批懂教育、精临床的教师在随时待命，这是外面的动物诊疗机构无法比拟的。建立正规的、符合动物医学专业质量标准和认证标准的教学动物医院，让高年级学生进行各科室轮转实习，是提高培养质量的重要举措。在轮转实习这一块，医学专业的附属医院是我们最好的榜样，按照他们的模式开展实践教学，其效果肯定是现有教学模式无法比拟的。有教学动物医院，就有临床带教的老师，有了临床带教的老师，就能手把手地进行实习指导，有了手把手的指导，教学效果自然水涨船高。

四、创新创业引导

教育部在《关于大力推进高等学校创新创业教育和大学生自主创业工作的意见》中指出："在高等学校开展创新创业教育，积极鼓励高校学生自主创业，是教育系统深入学习实践科学发展观，服务于创新型国家建设的重大战略举措；是深化高等教育教学改革，培养学生创新精神和实践能力的重要途径；是落实以创业带动就业，促进高校毕业生充分就业的重要措施"。那么，什么是创新创业教育？创新创业教育是以培养具有创业基本素质和开创型个性的人才为目标，不仅仅是以培育在校学生的创业意识、创新精神、创新创业能力为主的教育，而是要面向全社会，针对那些打算创业、已经创业、成功创业的创业群体，分阶段、分层次地进行创新思维培养和创业能力锻炼的教育。创新创业教育本质上是一种实用教育。创新是兽医发展的不竭动力，要引导学生走向技术创新、理念创新的道路，让一切思想、一切才能成为兽医发展道路上的助推器。带领学生顺着兽医创新的藤，去摸知识与技能的瓜；让创新成为兽医生命的主线，知识与技能成为追求主线的副产品。兽医社会发展的产物，也必然要随着社会发展而不断创新，因此，教师的职责之一就是引导学生进行创新创业实践。创新创业不是独立的事物，可以和课程教学、科学研究和社会服务有机地结合起来，这样更容易实现教与学的双赢。

五、兽医文学助力

前面我们讲过，兽医文学的创作就是"四化"的过程，即动物疾病散文化，诊疗经历小说化，诊疗要点诗词化和人生感悟语录化。有了大量的兽医文学作品的浸润，兽医就会得到社会的进一步认可，其发展空间就会成倍扩大。首先，兽医最不缺乏的是经历，而丰富的经历正是撰写小说的最好素材，因此，每位兽医都有小说家的潜质。其次，兽医诊疗动物疾病最需要的是推理，而推理过程正是推理小说的元素。再者，兽医在闲暇时最需要思考，而写作恰恰是一种深入的思考。最后，要认清文学的作用与影响力，唯有借助文学的窗口，才能让世人更广泛、更透彻地了解兽医。搭载文学传播的航船去传播兽医文化，利用文学的生命力去展示兽医平凡而伟大的人生。兽医文学就是兽医文化传播的助推器。

兽医教育是一项系统工程，需要从多方面努力，才能有质的提升。以上我提到的兽医文化铺底、课程理论奠基、轮转实习历练、创新创业引导和兽医文学助力只是兽医教育的几个环节，并不是兽医教育的全部。不同的高校、不同的人对兽医教育的认知是不同的，我所提倡的兽医教育多是基于胡杨精神而来的。

到此为止，《兽医之道》全书就结束。让我们来回顾一下全书的内容，分别是兽医的出路、兽医的伟大、兽医的本质、兽医的目标、兽医的素质、兽医文学、兽医精神和兽医教育。全书不管内容如何驳杂，始终都在探讨一个问题，兽医是什么？答案是兽医是人。兽医是什么样的人？不同的章节可能有不同的回答，但可以肯定的一点是，兽医肯定不是普通的人。